2011—2020 年国家古籍整理出版规划项目

『十三五』国家重点出版物出版规划项目

中国兰花古籍注译丛书

第一香笔记

（清）朱克柔 著 莫磊 王忠 译注校订

中国林业出版社

图书在版编目（CIP）数据

第一香笔记 / (清) 朱克柔著；莫磊，王忠译注校订. －北京：
中国林业出版社, 2016.4

ISBN 978-7-5038-8456-6

Ⅰ.①第… Ⅱ.①朱… ②莫… ③王… Ⅲ.①兰科－
花卉－观赏园艺 Ⅳ.①S682.31

中国版本图书馆CIP数据核字(2016)第057490号

责任编辑：何增明　　盛春玲
装帧设计：刘临川
出版发行：中国林业出版社（100009 北京西城区刘海胡同 7 号）
电　　话：010-83143567
印　　刷：固安县京平诚乾印刷有限公司
版　　次：2018 年 1 月第 1 版
印　　次：2018 年 1 月第 1 次印刷
开　　本：710mm×1000mm　1/16
印　　张：12.5
字　　数：172 千字
定　　价：78.00 元

　　明朝人余同麓的《咏兰》诗中有"寸心原不大，容得许多香"的诗句。我想这个许多的"香"，应不只是指香味香气的"香"，还应是包括兰花的历史文化之"香"，即史香、文化香。人性的弱点之一是有时有所爱就有所偏，一旦偏爱了，就会说出不符合实际的话来。友人从京来，说是京中每有爱梅花者，常说梅花在主产我国的诸多花卉中，其历史文化是最丰厚的；友人从洛阳来，又说洛中每有爱牡丹者，常说牡丹在主产我国的诸多花卉中，其历史文化是最丰富的。他们爱梅花、爱牡丹，爱之所至，关注至深，乃有如上的结论。我不知道他们是否有去考察过主产于我国的国兰的历史文化。其实，只要略为考察一下就可知道，在主产于我国的诸多花卉中，历史文化最为厚重的应该是兰花。拿这几种花在新中国成立前后所出的专著来说，据1990年上海文化出版社出版的由花卉界泰斗陈俊愉、程绪珂先生主编的《中国花经》所载，我们可看到，新中国成立前牡丹的专著有宋人仲休的《越中牡丹花品》等9册，梅花的专著有宋人张镃的《梅品》等7册，而兰花的专著则有宋人赵时庚的《金漳兰谱》等多达17册。至于新中国成立后这几种花的专著的数量，更是有目共睹，牡丹、梅花的专著虽然不少，但怎及兰花的书多达数百种，令人目不暇接！更不用说关于兰花的杂志和文章了。历史上有关兰花的诗词、书画、工艺品，在我国数量之多、品种之多、覆盖面之广，也是其他主产我国的诸多花卉所不能企及的。

我国兰花的历史文化来头也大，其源盖来自联合国评定的历史文化名人、大思想家、教育家孔子，和我国最早的伟大浪漫主义爱国诗人屈原。试问，有哪种花的历史文化有如此显赫的来头。其源者盛大，其流也必浩荡。笔者是爱兰的，但笔者不至于爱屋及乌，经过多方面的考察，实事求是地说，在主产我国的诸种花卉中，应是以国兰的历史文化最为厚重。

如此厚重、光辉灿烂、丰富多彩的兰花历史文化，在我们这一代里能否得到发扬光大，就要看当代我国兰界的诸君了。

弘扬我国兰花的历史文化，其中主要的一项工作是对兰花古籍的整理和研究。近年来已有人潜心于此，做出了一些成绩，这是可喜的。今春，笔者接到浙江莫磊先生的来电，告诉我中国林业出版社拟以单行本形式再版如《第一香笔记》、《艺兰四说》、《兰蕙镜》等多部兰花古籍，配上插图；并在即日，他们已组织班子着手工作，这消息让人听了又一次大喜过望。回忆十几年前的兰花热潮，那时的兰界，正是热热闹闹、沸沸扬扬、追追逐逐的时候，莫磊先生却毅然静坐下来，开始了他的兰花古籍整理研究出版工作，若干年里，在他孜孜不倦的努力下，这些书籍先后都一一地出版，与广大读者见面，受到大家的喜爱。

十余年后的现今，兰市已冷却了昔日的滚滚热浪，不少兰人也不再有以往对兰花的钟爱之情，有的已疏于管理，有的已老早易手，但莫磊先生却能在这样的时刻与王忠、郑黎明等几位先生一起克服困难，不计报酬，仍能坚持祖国兰花文化的研究工作，他们尊重原作，反复地细心考证，纠正了原作中初版里存在的一些错误，还补充了许多有关考证和注释方面的内容，并加上许多插图，有了更多的直观性与可读性，无疑使这几百年的宝典，焕发出光彩的新意，它在出版社领导的重视下，以全新的面貌与广大读者见面，为推动我国的兰花事业继续不断地繁荣昌盛，必起莫大的推动作用。有感于《第一香笔记》再版，在联系原序基础上是为之序。

刘清涌
时在乙未之秋于穗市洛溪裕景之东兰石书屋

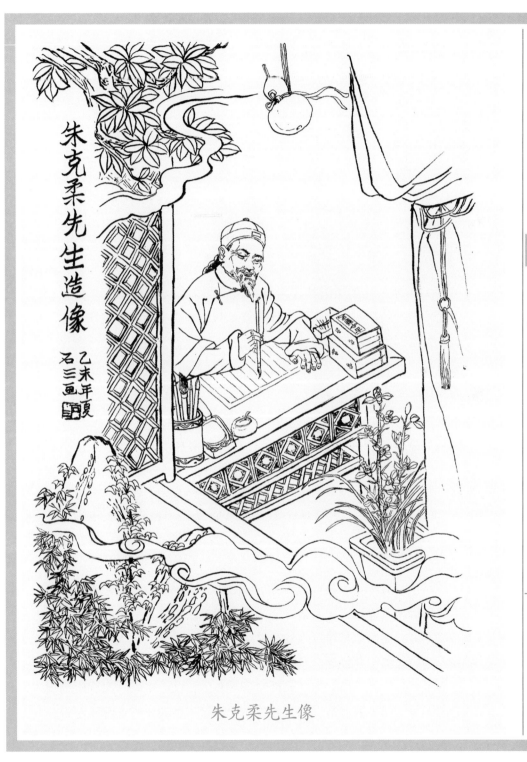

朱克柔先生造像

乙未年夏
石三画

朱克柔先生像

去年隆冬接到中国林业出版社编辑部来电，相告十几年前我们曾整理过的那些兰花古籍，计划以单行本与集子两种形式重新出版。无疑，这是个大喜讯。追忆十几年前的我们，只是初入兰海，对于祖国那么丰富的兰花文化，尚处于似懂非懂、理解不够深透的程度。那时心里只有一个朴素的念头，就是希望能让广大兰友尽早见到这些宝贵的古籍，凭着这一股子热情，便满怀信心地干起这诠释古籍的工作来。又因当时完成这些古兰书的再创作计划时间较短，因而工作显得颇为局促，偏偏手头又无太多可供参考的资料，所以做出来的书必然存在不少欠缺之处，甚至有错的地方。今天有机会让我们对这些古兰书能再细细地作考证和作注释，把过去存在于再创作中的缺点和错误一一地改正过来，这实在是非常有意义的事。

《第一香笔记》是兰花古专著，成书于1796年，作者朱克柔先生跨越清朝乾隆和嘉庆两个时期生活，距今已有二百一十九年了！这段岁月，在历史长河里当然只是一瞬之间，然而对于人生而言，那毕竟是绵绵十几代啊，其间社会的不断变迁，世俗的风风雨雨，真称得上是沧海桑田！不过人世间虽多变幻，社会事态有起有伏，但国人对兰深爱的情结，却是一代一代绵延不断，始终未曾改变与停息。这是什么原因呢？因为兰花文化悠久、博大、精深，早就融进整个中华民族的传统文化之中。许多与兰花有关的古籍本身也是组成整个兰花文化的一部分，要是历朝没有受到毁坏的话，可能有百余册的数量留存后世，可是至今所存的却不到三十册，就这些所剩的存档之书，数量也少得可怜。一提起这些现实，人们自然要诅咒那可恶的战争，祈祷和平的阳光能长久地普照我们的兰畹蕙亩。

　　史实可鉴，自唐以来相当长的时间里，国民曾有过安居乐业的好时光，每到国泰民安的时候，民间的兰花事业就会有长足的发展。不过当时的兰人们首先所崇尚的多为建兰；时兴栽培江浙兰蕙的时间约在明末清初，我们可依据前人们留下的如《金漳兰谱》、《王氏兰谱》和《兰易》等兰花典籍及古人所咏叹、所描绘的文化资料作出这样的推断。

　　追溯唐宋元明时期，都曾有一些文化人，他们在研读前人有关兰的书籍时，因缺少考证，却对书上那些离奇或异常之说特感兴趣，便将原诗文中运用的一些即兴之辞，摘引在其著书立说中。他们振振有词地把这些当作依据来论述，以为自己发现了新大陆，结果造成真真假假、严重混淆失实的史料，致使后人无法分辨是非。直到明清时期，历经几个朝代的"古兰即今兰"与"今兰非古兰"之争，仍然未能得出正确可信的结论。朱克柔先生能主动站出来，在自己所著的《第一香笔记》里，以事实作为依据，拨乱反正。他指出，自从春秋时期以来，人们认为今兰即是古兰，并无异议之说。那么从何时开始有人提出"古兰不是今兰"的问题？他告诉我们，实乱于元明时期。当时有一些文化人，喜欢把兰文化说得稀奇古怪，例如他们搬出《楚辞·离骚》里的兰、荪、茝、蘦、芷、荃、蕙、薰、江蓠、蘪芜等十几种所谓的香草，说它们都是古兰。岂不知古人辞中所歌的兰蕙是指代不一的，那些似兰非兰的所谓香草，仅是作者在辞中用来比兴的修辞方法，这种"托兴之辞"被他们当作史实和依据，且愈说兴致愈浓，愈说愈玄乎，终于造成后来

"今兰非古兰"的错误结论。

到了清朝初年，长期的战乱终于得到平息，社会政治和经济状况出现了相对稳定的局面，人民生活得到一定的改善，由此兰花事业又迎来了一个发展的机会。此时有位在杭州的徽籍文化人鲍绮云，集时人对兰蕙的审美时尚，在自己的《艺兰杂记》里，率先对江浙兰蕙的草形、花品提出审美的具体要求，他以比拟的方法把花品概括为"仙""荷""梅""素"四个瓣型，分别对各型的草形、花形、苞形提出具体的规则，开创了鉴赏兰蕙的新标准，被后人称为"瓣型理论"。接着到了1796年，朱克柔的《第一香笔记》问世，它在《艺兰杂记》瓣型理论的基础上，以微观的方式再加以补充和发展，把兰花瓣型从四型扩增至八型，又把蕙花定为十三式，使瓣型理论变得更为细致、全面、具体，从彼时至今日，这些规矩引领着兰界里的人们对兰蕙的审美和鉴赏。

《第一香笔记》注译能够再版，我们分外珍惜，经过和出版社几番商讨，决心尽最大努力把这本书在古色古香的基础上做得比较完美、做出新意来。首先是对原书作者的一番考证。朱老前辈生活在先于我们二百多年的清乾隆、嘉庆年间，他生前是做什么的，谁也不知道。对此我们花了一番工夫，通过种种途径，翻阅大量文献资料，终于发现"悬壶济世"是朱克柔一生的主要职业，在当时吴门医界里也是个响当当的人物。他又是一位兰家名流，对兰蕙有着长期的栽培实践，作过细微观察和深入研究，是位名传江浙、声望响亮的兰界权威。本书后所附王忠先生撰写的《朱克柔先生纪略》一文，可供读者参考。

朱克柔在《第一香笔记》首卷，介绍"花品"的章节里写道："以上兰蕙共计二十品，其形式难以言述，兹先举其目，俟续刻内补绘花，详细注释，庶览者可按图而索。"可是后来不知是有关资料被战火所焚毁了呢，还是那些计划中要出版的书还未来得及出版时，朱老已仙逝了，我们并未找到他所要补绘的花。时空距那个时代二百多年的今天，在我们这代人里，很荣幸能根据朱老的意愿用古代常用的白描形式描绘出一部分兰花的形态特征图，把它们印在这本书中，既叮与今天的兰人，也可与未来的兰人共同研讨古人曾研究过的那些兰花之道，并以此告慰朱老：你的心愿，我们总算初告完成。

在这次具体译注工作中，我们幸运地从日本国立国会图书馆找到《第一香笔记》嘉庆元年序刊本，对照十几年前做为校勘底本的手抄本，许多令人费解的词句实是抄写笔误，现在终于水落石出并得以改正。感谢日本国立国会图书馆的精心呵护，并无偿提供数字翻拍。校勘工作是很消磨时间和精力的事，所以对这样一本不算厚的书，我们这几个人做起来竟历经了两个严冬至两个酷暑的时间。回忆整个工作过程，曾有过多少个不眠的夜晚，脑际间萦回着许多词句的影子，总是迟迟不散，反复自问，到底该怎样说才好？

《第一香笔记》中有较多陌生的典故和被引用的文献，需要我们一一地进行思考、查找依据，在注释与今译前，首先自己要理解好、消化好，把意思弄明白，不可一知半解，避免"以其昏昏，使人昭昭"。今天我们谨把《第一香笔记》一书重新献给大家，确实是好不容易，这里也许有敝帚自珍的心理，总觉得我们的付出特别有意义。

当我们回顾本书的整个再创作过程，明显会涉及一些人和事，照此说来，作者就不仅仅是莫磊、王忠、郑黎明等三个人，还有各地那些热心朋友的支持和帮助，特别感谢浙江台州的王德仁先生，提供兰照等参考资料及对品种鉴赏知识的指导。

当我们做完一册书之后，回头细想自己所走过的路，一次比一次更有深切的感受，越加深知学无止境的道理。尽管我们的工作自感做得认真严肃、细致入微，但肯定还是会存在一些疏漏之处，不可能就此完美，所以衷心希望广大读者能继续关心兰花经典的出版工作，多多指出我们的缺点。

芝兰生于深林，不以无人而不芳。君子修道立德，不谓穷困而改节。

孔子像　衢州孔庙石刻

感谢中国林业出版社领导，关心我国的兰花事业，重视熠熠闪光的那些兰花经典的研究和出版工作，是他们组织力量，不厌其烦与作者一直保持着商讨和沟通，进行具体指导，严格把好关口。我们共同计划对古来那些有影响的兰花典籍再作系统整理，并陆续出版发行，《第一香笔记》则为计划中之首选。在这新一年兰花吐香的春天里，我们谨以此书作为一份礼物献给广大读者。

编者谨启于乙未年（2015年）菊月

余既滋兰之九畹兮，又树蕙之百亩。

楚屈原像

目录

目
录

《第一香笔记》[1]自叙

清·吴郡[2]朱克柔砚渔[3]辑
信安·莫磊 瑞安·王忠 译注校订
信安·郑黎明审校

芸生号万[4]，造化[5]本出无心；耆好偏多[6]，人情因之自扰[7]。昔渊明采鞠[8]，徒见于诗；茂叔爱莲[9]，姑存其说。非玩物之丧志[10]，聊即事以寓言[11]。

仆未娴[12]蓄荇[13]养鱼，差[14]喜滋兰树蕙。将使堂堂白日，销磨于玩愒之中[15]；何如习习清风，领略于咸[16]酸而外。爰裁[17]小记，就正大方[18]，分以八门，合成四卷[19]。头卢如许[20]，媿博物于张华[21]；草木何知[22]，笑多情之崔护[23]。仍蹈此君之辟[24]，同呼石丈之颠[25]。

因思芍药[26]娇憨[27]，突眼频看易动[28]；牡丹富贵，世人甚爱宜多[29]。藉此幽贞[30]，敖其肥艳[31]。当门莫剪[32]，允为竟体之芳[33]；入室如闻[34]，洵作一时之秀[35]。傥遇同心共赏[36]，去莠无方[37]；如其青眼[38]难逢，覆瓿亦可[39]。

嘉庆元年岁次丙辰莫春既望[40]　朱克柔　并书

注释

[1] 《第一香笔记》 兰花古籍，成书于清·嘉庆元年（1796年），系江苏苏州的艺兰家朱克柔所撰。《第一香笔记》总结了民间逐渐形成的瓣型时尚，发展了百多年以来的鲍氏"瓣型理论"，介绍了当时兰花审美的具体要求和品评标准。在古今兰界里，它是一部影响面广泛的兰花经典。

[2] 吴郡 地名，东汉汉顺帝时所称，春秋时代为越王句践之都，地域约为今之江苏长江以南全部，及长江以北延伸至南通和海门诸市境，今通称苏州市。

[3] 砚渔 本书作者朱克柔的号。

[4] 芸生号万 芸生：佛教用语，芸芸众生之意；号：名称；万：数量之多。意谓世间存在着数以万计、种类繁多的生物体。

[5] 造化 各种不同的生物体在浩瀚的宇宙中，都是自然所形成。犹言大自然是创造者（造物主）。

[6] 耆好偏多 指人各有不同的兴趣爱好。耆：古同"嗜"，爱好。

[7] 人情因之自扰 人往往由于嗜好的原因而变成痴迷，结果给自己找来麻烦。

[8] 渊明采鞠 东晋末期田园诗人陶渊明喜爱菊花，其诗有：采菊东篱下，悠然见南山。鞠：通"菊"。

[9] 茂叔爱莲 北宋理学家周敦颐（字茂叔）酷爱莲花，著有《爱莲说》。

[10] 非玩物之丧志 玩：玩赏、欣赏；丧：失去；志：进取的志向。犹言人并非因醉心于某一玩物而丧失了渴求进取的志向。

[11] 聊即事以寓言 聊：闲谈；即事：因情景感触而为；寓言：带有寄托的话。言这些爱花的人们对花寄托着自己的心言。

[12] 仆未娴 仆：下人，在下，作者对自己的谦称；未娴：不熟习。

[13] 蓄牸 牸（zì）：原指雌性动物，文中泛指养猫狗等各种宠物。

[14] 差 程度副词，略微、比较。

[15] 销磨于玩愒之中 把时间耗费在玩物方面。玩愒："玩岁愒日"的略语，谓贪图安逸，旷废时日。愒（kài）：荒废。

[16] **领略于咸酸** 领略：欣赏，赏玩；咸酸：咸与酸的味道，常喻世味不一。

[17] **爰裁** 爰：于是；裁：记写，写作。

[18] **就正大方** 就正：请求指正；大方：指见识广博的高人。

[19] **分以八门，合成四卷** 指作者所著《第一香笔记》一书的结构与内容的安排。

[20] **头卢如许** 卢：通"颅"，头盖骨，此处引申为才识。如许：即如此这般。作者谦说自己学问浅薄。

[21] **媿博物于张华** 张华（232—300年），西晋大臣、文学家，范阳方城（今河北固安）人。文章以博洽著称，著有《博物志》一书。媿：惭愧，古同"愧"。

[22] **草木何知** 指兰花等植物是无知无觉的。

[23] **多情之崔护** 孟棨《本事诗·情感》记载，崔护在清明日去城南郊游，到村中一家讨水喝，这家有貌美一女端水与喝，她脉脉含情地在桃树下看着崔护。来年清明，崔又去那里，只见这家房屋还在，但已经人去室空，便有感在屋门上题诗："去年今日此门中，人面桃花相映红；人面不知何处去，桃花依旧笑春风。"后人用此诗喻因爱慕而产生的惆怅心情。文中系活用此典，偏离原意，实意在说崔护咏桃花的枉然。

[24] **仍蹈此君之辟** 蹈：遵循，实施；此君：竹子的代称；辟：同"癖"，极深的喜爱。《晋书·王徽之传》中记载，（徽之）尝暂寄人空宅住，便令种竹。或问："暂住何烦尔？"王啸咏良久，直指竹曰："何可一日无此君？"后人遂以"此君"代称竹子。

[25] **同呼石丈之颠** 呼：称呼；丈：对长辈的尊称；颠：同"癫"，痴迷之意；石丈：宋·叶梦得《石林苑语》："米芾爱石十分放纵，曾着官袍持笏以拜石，并呼其为'石丈'。"意谓本书作者朱克柔自称对兰的深爱如米芾对石一样的癫狂。

[26] **芍药** 多年生草本植物，羽状复叶，花有白、粉红、紫等色，花大而艳。

[27] **娇憨** 娇美、天真而可爱。

[28] **频看易动** 频：屡次；易动：内心容易引起动情。

[29] **甚爱宜多** 甚：很、极；宜：适合人的心意。犹言喜欢的人很多。

[30] **藉此幽贞** 藉：凭借；幽：幽雅、文静；贞：节操坚贞。意谓凭借兰花的幽香和坚贞的气韵。

[31] **放其肥艳** 放：同"傲"，藐视，不屈；肥艳：形容花朵饱满艳丽。

[32] **当门莫剪** 剪：除去。语出《三国志·蜀志·周群传》："先生将诛张裕，诸葛亮表请其罪。先生答曰：'芳兰生门，不得不鉏。'裕遂弃市。"此处反其意而言，借指爱惜兰蕙。

[33] **竟体之芳** 竟体：全身，遍体；芳：芳香。语出《南史·谢览传》："武帝目送良久，谓徐勉曰：'觉此生（谢览)芳兰竟体，想谢庄政当如此。'"暗喻要爱惜人才，亦可形容人品高雅。

[34] **入室如闻** 语出《孔子家语》："如入芝兰之室，久而不闻其香。"此取反意，借指幽香满室。

[35] **一时之秀** 意谓一段时间内倾情吐芳。语出《周书·唐瑾列传》："时六尚书皆一时之秀，周文自谓得人，号为六君。"

[36] **同心共赏** 形容志同道合的知心朋友们能够赏识。

[37] **去莠无方** 莠（yǒu）：狗尾草，泛指野草，喻存在缺点；无方：不妨。犹言如果发现文中有缺点，不妨能直率地指出来。

[38] **青眼** 即眼睛平视，表示对人的喜爱或赏识，与白眼相对。语出《晋书·阮籍传》："及嵇喜来吊，籍作白眼，喜不择而退，喜弟康闻之，乃赍酒挟琴造焉，籍大悦，乃见青眼。"

[39] **覆瓿** 覆：盖住；瓿（bù）：小瓮。喻作品毫无价值。典出《汉书·杨雄传》，杨雄的友人刘歆，看了杨雄所著的《太玄》等书后对杨雄说，我担心后人不识这些书的价值，恐怕要用来作酱缸盖了。此处是作者自谦的话。

[40] **莫春既望** 农历三月十六。

今译

在浩瀚的世界里，芸芸众生何止万千，它们全都是天地这个造物主的自然杰作。人们对它们的兴趣和爱好，总是多种多样、各有不同。有的人往往由于过深的喜爱，结果变成了"痴迷"。古来有陶渊明爱菊花的故事，能够在他的"采菊东篱下，悠然见南山"的诗歌中相见，茂叔爱莲的故事就在"出淤泥而不染，濯清涟而不妖"的《爱莲说》一文里记载着。这些爱花的人，对于花草会醉心到这样深深迷恋的程度，并不是他们玩物丧志、不求进取，而是因为他们把自己的内心世界和精神操守，深深地寄情于自己所喜爱的花草之中。

我对豢养那些鸟兽虫鱼等宠物，缺少娴熟的技巧，唯独对栽培兰蕙兴趣甚浓，总是一天天地把宝贵的光阴消耗在兰蕙们的身上，在长期的艺兰实践中体味不同的兴趣爱好。远离尘俗，无忧无虑，从而深深地感受到清风送爽般的无限乐趣。于是写此文章，整理一些琐碎的见闻、心得和论述，分为八门、四卷，把它们编写出来，向见识广博的先生求教。我自愧才识肤浅贫乏，不如编写《博物志》的张华具有那么广博的知识；草木本是无知的，可笑多情的崔护对桃花用情的枉然。但自己对兰花的深情，犹重蹈着不可"一日无此君"的古人王徽之痴迷竹子的老路，又如当年喜爱奇石的书画家米芾，抱笏拜石为"丈人"一样的癫狂。

芍药能讨人喜欢，那是由于它的天真可爱；牡丹会被大家所喜爱，则是因为它有富丽堂皇的美丽气质。而兰花凭借它有文静幽雅的气韵和傲然不屈的坚贞气节，当然要更加受到爱惜，它们遍体充满着芳香，誉称君子，是我们志趣投合的朋友。此书仅是一棵倾情吐芳的小草，倘遇志趣投合的朋友喜欢读它，不妨请直率地指出存在的缺点；如果你并不赏识此书，觉得它没有什么价值，那就把它当作瓮盖去使用吧。

嘉庆元年农历丙辰年（公元1796年）三月十六 朱克柔 并书

小引

今春闲居杜门[1]，手植蕙花数十蕊将舒[2]，而阴雨酿寒[3]，迟我花信[4]。因思爱护，既切[5]转多，爬剔[6]亵玩之虞。于是握不律以褚[7]，生墨侯[8]为媒，举凡见闻所及，忆记所周，条分缕晰之[9]，越三月而斐然可观[10]。又为之采辑旧闻，以类附入，名曰《第一香笔记》。脱稿不十日，而众花齐放矣，内开入品者一[11]，次品者三，其余大率可观。回视向所植之盆兰，亦复擢茹青葱[12]，随风宜笑，若为予志喜[13]也者。

爰有二三同志[14]过而扣曰[15]："子嗜花而得花好，必有道以处此[16]，幸勿靳不予[17]，愿明以教我焉[18]。"强之至再[19]，难以言蔽[20]，不得已出示此记，曰："是可略窥半面矣[21]，若充类至尽[22]，神而明之，存乎其人。[23]"客欣然袖之而去[24]，惟觉日光融融、幽香满室，众花如解语然[25]。

丙辰三月望前五日[26]砚渔记

[1] **闲居杜门** 闲居：得闲独居；杜门：闭门不出之意。

[2] **将舒** 舒：伸展。意谓蕙兰的花茎即将发育，钻出大包壳，成为排铃。

[3] **阴雨酿寒** 酿：逐渐形成。犹言阴雨天气造成春寒。

[4] **迟我花信** 迟：延误；花信：语指兰花初开的消息。

[5] **既切** 心情急切。

[6] **爬剔** 剔除，挑剔。

[7] **握不律以褚** 不律：笔，古以谐音作取代，《尔雅·释器》中有"不律为之笔"；褚：兵卒，清·徐灏《说文解字注笺》：卒谓之褚者，因其着赭衣而名之也。

[8] **墨侯** 砚台。

[9] **条分缕晰之** 缕：线；晰：分开。指有条有理地细细分析，亦作条分缕析、析缕分条。

[10] **裒然可观** 裒（póu）然：聚集一起；可观：值得一看。

[11] **内开入品者一** 犹言所有开出的兰花中，佳花极少。大约有一盆能选为入品的。

[12] **擢茹青葱** 擢（zhuó）：提拔，文中指不断地茁壮生长；青葱：即碧绿一片。

[13] **若为予志喜** 好像在向我道贺。

[14] **爰有二三同志** 爰（yuán）：于是；二三同志：几位志趣相投的朋友。

[15] **过而扣曰** 过：来访；扣：求教，探问。

[16] **必有道以处此** 道：方法，经验；处：处理，对付。

[17] **幸勿靳不予** 幸：希望；靳（jìn）：吝惜。希望能毫无保留地赐教。

[18] **愿明以教我焉** 希望能明白地教导和指点我们。

[19] **强之至再** 再三恳切地要求。

[20] **难以言蔽** 难以再说出抵挡不从的话。

[21] **略窥半面矣** 意谓可约略（大致）地感知到我的艺兰方法了吧！半面：典出《南史》卷十二之《徐妃传》。徐妃嫁梁元帝，不得宠，每知帝将来她处，必为半面妆等着，其意是你（元帝）瞎了一只眼，视界只有常人的一半，所以只化半面妆。文中以风趣的语言用"半面"借代"部分"的本意。

[22] **充类至尽** 充：充分，足够；类：比照，类推。犹言将同类事物进行比照类推，从而把道理引申到极点。

[23] **神而明之，存乎其人** 语出《易传·系辞上》："化而裁之，存乎变；推而行之，存乎通；神而明之，存乎其人。"意谓要真正明白某一事物的奥妙，在于各人的领会。

[24] **客欣然袖之而去** 客：来访者；欣然：高兴地；袖：古人衣袖中有袋，可藏物。犹言来客把书稿放入袖内，愉快地离去。

[25] **众花如解语然** 解语：典出唐明皇贵戚赏千叶白莲时，指杨贵妃而问左右："争如我解语花？"文中活用此典故。犹言这些花儿们好像也懂得人说话的意思一样。

[26] **望前五日** 望日：农历十五日。望前五日，即指初十。

今译

　　今年春天，我得闲独居在家，看见自己亲手栽培的几十盆蕙兰，它们的花茎即将伸出大包壳，却因突然寒潮袭来，天气连日阴雨而延迟了花期。面对情况变化，急切采用了许多整治方法。管护之余，就握笔展纸，和水研墨，动手作起文来，把平时积累在记忆中的所见所闻，周到地、条理清晰地一一写来。过了三月之后，书桌上竟然摞起厚厚的一叠手稿。在这基础上又增加了分类和有关的一些旧闻、轶事，取名为《第一香笔记》。就在完稿约十天左右的时候，那一盆盆蕙兰，也竞相开放，细加区分，可称上品的好花仅十中有一，差的却占十分之三，其余十分之六的花品只能是还可以看看而已。回过身去再看看亲手所栽的兰蕙，见它们一片葱绿油光、随风轻舞、含羞带笑，好似在向我道贺致喜。

　　记得曾有几位志趣投合的客人来访，他们一起对我说："先生因迷恋兰蕙而养得上品和珍品的兰蕙，其中必定有栽养的道理和方法，希望能明白地给我们以指点和教导！"面对他们再三恳切的要求，我虽不愿好为人师，却实在难以说出推托不从的言辞，只好拿出手稿让他们去看，并对他们说："书中所述，只是个约略和大概而已，如果通过对事物的比照和类推，把道理和学问引伸到极致的地步，能举一反三深入地体察其有关的奥妙，那就要看当事者是否有这个悟性了！"朋友听完我的话，就把我的书稿放入袖袋里，高兴地道别而去。

　　这时的我，只觉得春光一片和煦，兰花满室幽香。心里想着：群花们好像也通人性似的！

丙辰年（1796年）三月初十（4月17日）砚渔记

例言

　　是记之作[1]，兴到笔随[2]，不假组织[3]。若言花之品相[4]而以文笔出之[5]，转恐浮华[6]失实、且近于腐[7]。故记之字句，俱用唐宋说部体例[8]，凡采集各书，备载出处，不敢没前人之善，蹈剿袭之讥[9]也。前人论花，其说颇有雷同[10]，惟择其善者录之[11]，去取之间，亦多苦心[12]。

　　此记本名《祖香小谱》，夫谱足以传世行远[13]，方能副实[14]，时篇不过一时游戏之作，且恐与行世之不堪言谱而谱者[15]混而同之，不免使花受屈[16]，故易今名。

　　记内除摘录前人外，其余人编者，俱系目见耳闻[17]，信而有征，不参臆说[18]，亦不稍涉无稽[19]。

注释

[1] **是记之作** 是：这个；记之作：指《第一香笔记》一书。

[2] **兴到笔随** 兴：兴致；随：跟着。

[3] **不假组织** 不假：没有借用；组织：写作中慎密的遣词、造句等工作。

[4] **品相** 品：品格，质地；相：形貌。

[5] **以文笔出之** 以：从；文笔：高超的写作语言、技巧。

[6] **转恐浮华** 转：转化；恐：担忧；浮华：不顾实际，讲究表面的华丽与阔气。

[7] **腐** 思想陈旧过时。

[8] **唐宋说部体例** 说部：指小说、逸闻和琐事之类的著作。意谓本书采用唐宋时期流行的小说文体。

[9] **蹈剿袭之讥** 蹈：沿袭；剿袭：选择老路，缺少新意感；讥：指责，非议。

[10] **雷同** 指随声附和，与他人的一样。

[11] **惟择其善者录之** 惟：只有；择：选择；善者：美好的；录：采纳。

[12] **亦多苦心** 多：反复，多次；苦心：费尽心思。

[13] **传世行远** 传世：流传，继承；行远：不停地延续。

[14] **方能副实** 方能：才能；副实：符合实际。

[15] **不堪言谱而谱者** 不堪：不可以。意谓不够条件称谱而硬要称谱的。

[16] **不免使花受屈** 不免：不能避免；受屈：受到不公正对待。

[17] **目见耳闻** 亲自看到、听到。

[18] **不参臆说** 不参：不添加；臆说：凭个人想象的说法。

[19] **无稽** 无从查考，没有根据。

今译

编写出这本书，可说是即兴而就之作。在写作中，可能对遣词造句等方面的工作，未能达到至善至臻的严格要求。但是论述花的品格和容貌，若只顾一味追求语言辞藻的优美，则担心这种过分的讲究，反会使文章变得轻薄而不顾实情，只是着力于表面的华丽和阔气，结果脱离了实际，所言谈的方法，也会拘泥在陈旧的框框里。文中词句的运用与表达方法，均采用我国唐宋时期广泛流行的小说性文体。大凡从别书上所引用的内容，一概同时表明它出自何处，不可以抹煞先人的美好德行，也不走毫无新意的老路。前人对兰花的评说，存在着相同与差异，取舍之间，曾费尽心思，多次反复地经过思考和斟酌，对此，本书仅选正确的加以采纳。

本书原拟取名为《祖香小谱》，后因考虑到称"谱"之书必须要具有继承和流传的条件，才能称得上是名副其实的传世之作。而本书仅是悠闲自得的游玩之作，但又担心它会与那些够不上条件称"谱"而称作"谱"的书混作一谈。为避免使身价高雅的兰花受到不公正的对待，于是将其改取为现在《第一香笔记》这个名字。

书中除摘录有关前人的一些论述之外，其余编在里面的内容，通通为作者亲身之目睹耳闻、有根有据的真实情况，绝对不添加个人的想象，也丝毫不允许存在无从查考的言辞。

程梅

《第一香笔记》卷一

清·吴郡朱克柔砚渔辑著
信安·莫磊 瑞安·王忠 译注校订
信安·郑黎明审校 石三插图

花 品[1]

兰 品

水仙素第一　　荷花素第二

梅瓣素第三　　水仙瓣第四

绿梅第五　　　红梅第六

团瓣素第七　　超瓣素第八

以上俱入品，须肩平为上。

映腮　桃腮　荷花瓣　柳叶素

三角水仙（小花硬捧心）

蝶兰（又名叠兰）

双兰　品兰　四喜兰

注释

[1] 在这次重订中，我们拟根据原著所述各典型花品的特征，采用可替代的今有之品，一一用白描形式加以描绘，以了却数百年前原著者"俟续刻内补绘花，详细注释，庶览者可按图而索"的夙愿，并充实本书内容。但对作者当时所述的某些品种，因大都早已不存，不可以生硬地虚构成图，敬请见谅。

知
足

水仙素第一

燕嘴素

荷花素第二

江南雪

梅瓣素第三

翠一品

水仙瓣第四

十圓

绿梅第五

红梅

红梅第六

梅王

团瓣素第七

緑寶

超瓣素第八

皓月

映腮

玉梅素

桃腮

荷花瓣

柳叶素

西子

三角水仙

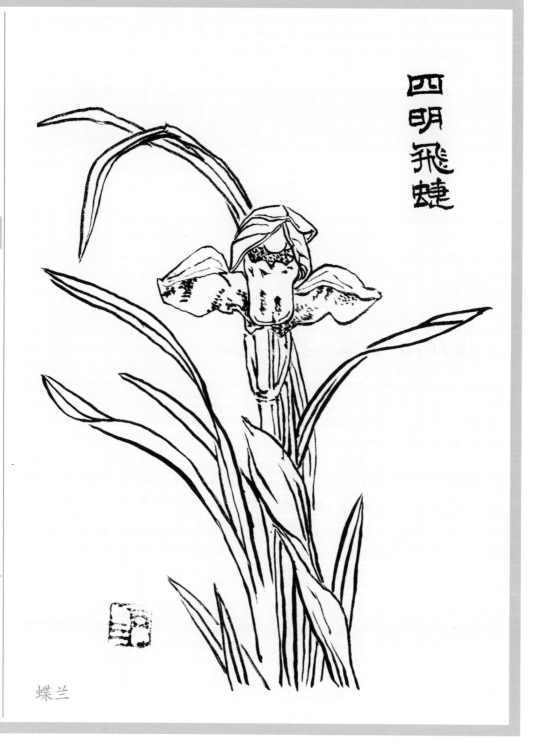

四明飛蝶

第一香笔记

蝶兰

四〇

天禄梅

双兰

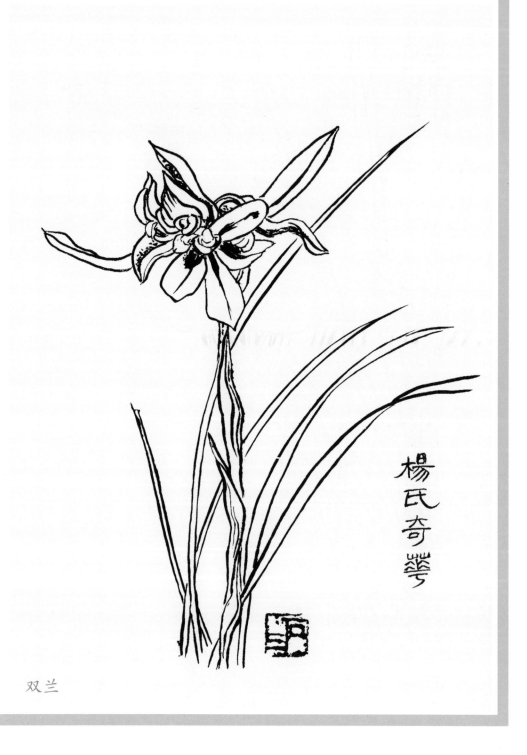

楊氏奇蕚

双兰

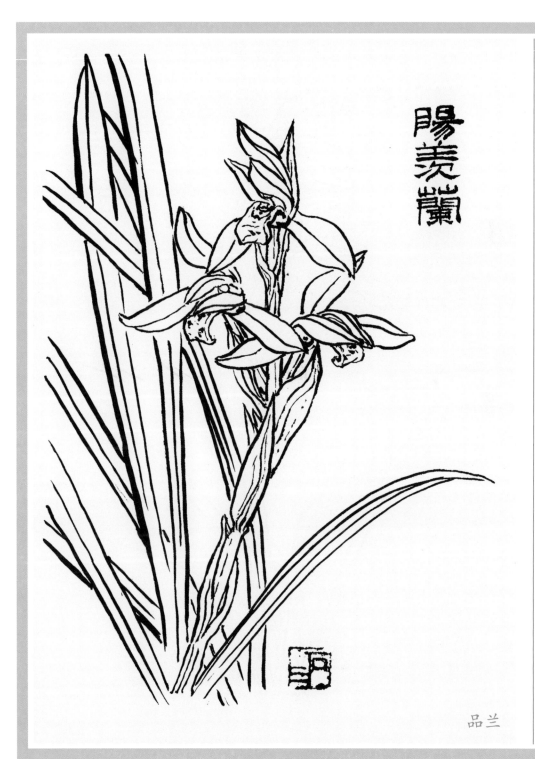

陽羨蘭

品兰

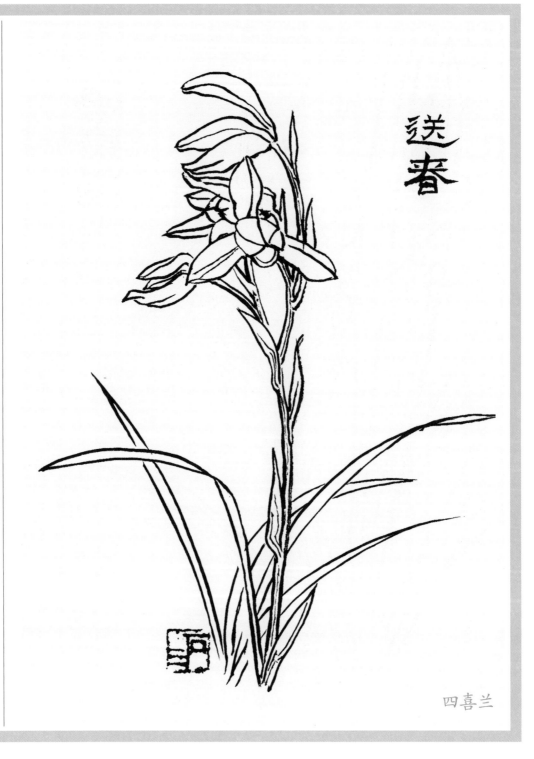

送春

四喜兰

蕙 品

白荷花　水仙　梅瓣

绿荷花　团瓣素

超素　赤壳荷花

阔超　团瓣

柳叶素　柳叶水仙（短捧心起兜者）

线条素　狭超

虫兰（形如蜂蝶者）

另列各品于左，以时尚次其先后。

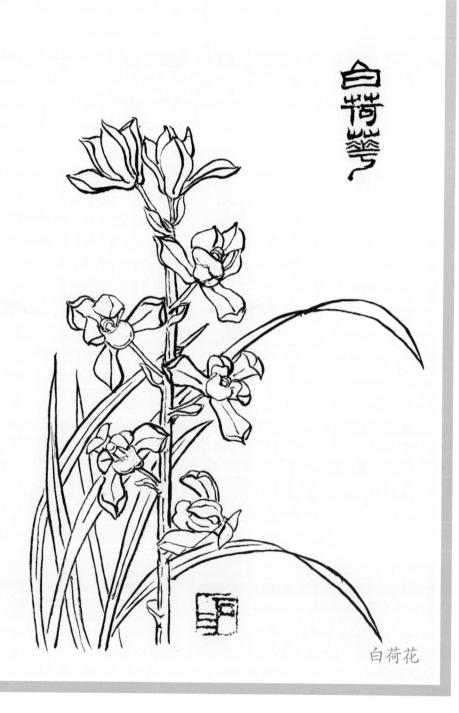

白荷花

小塘寫

水仙

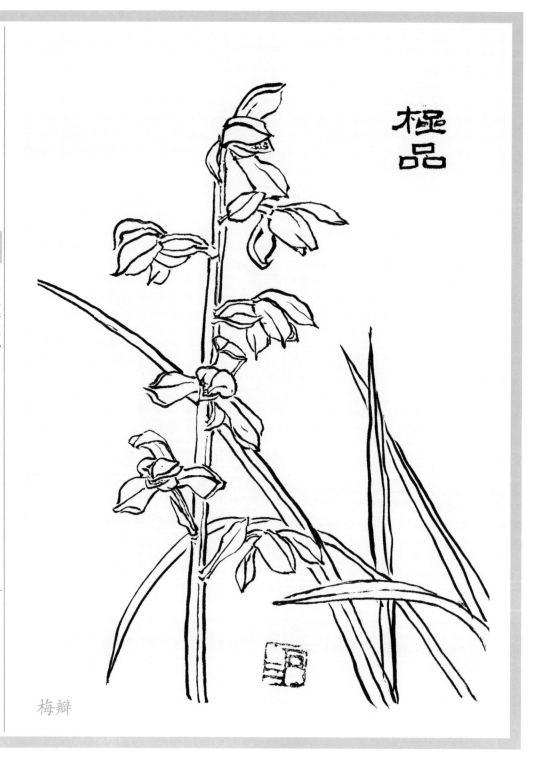

極品

梅瓣

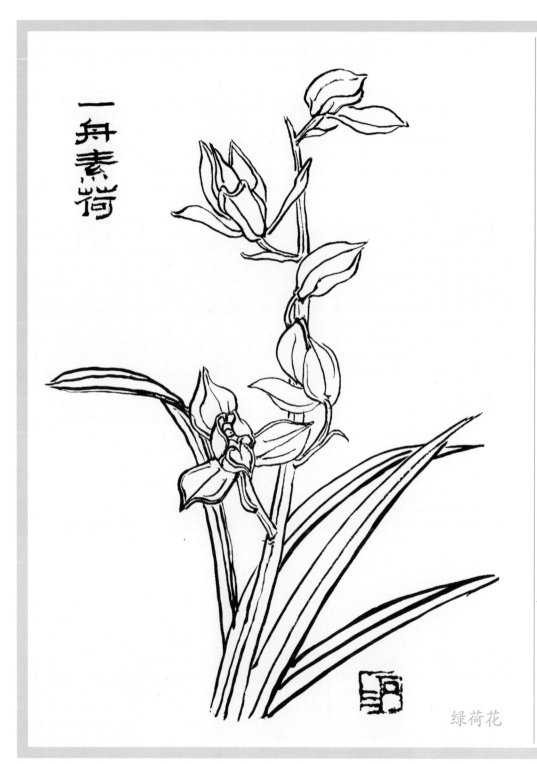

一舟素荷

绿荷花

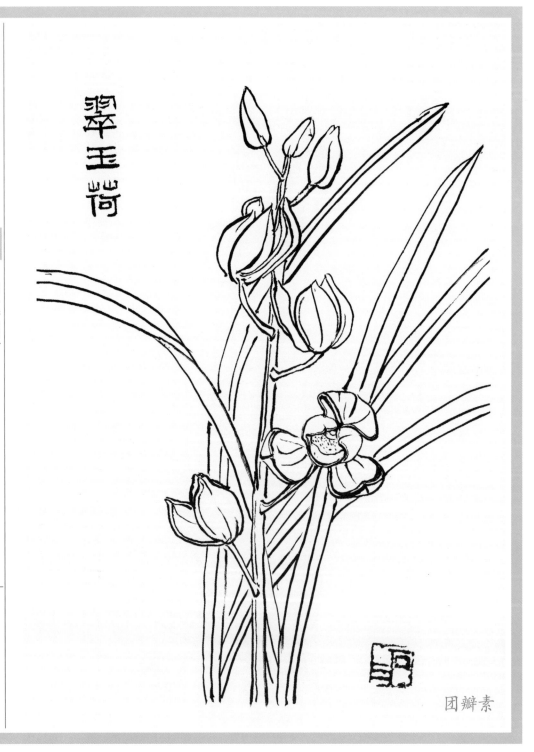

翠玉荷

团瓣素

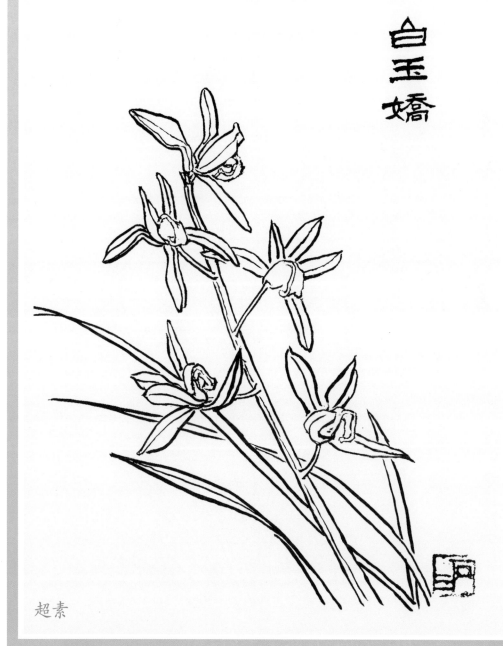

白玉嬌

超素

红荷

赤壳荷花

陳氏超素

阔超

团瓣

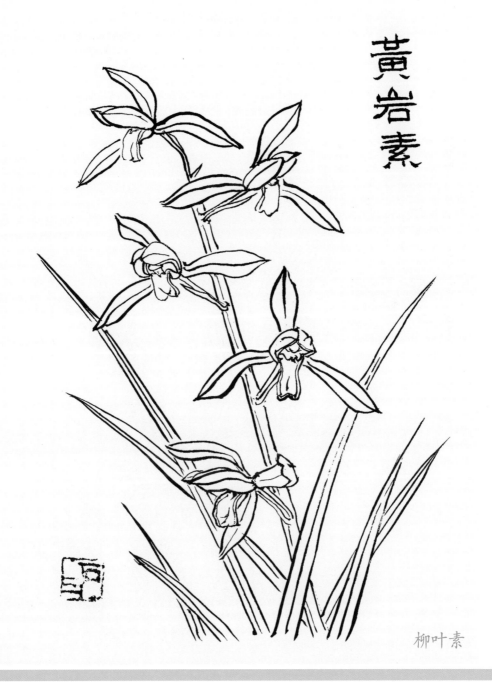

黄岩素

柳叶素

紫玉

柳叶水仙

蘭溪陳字

狭超

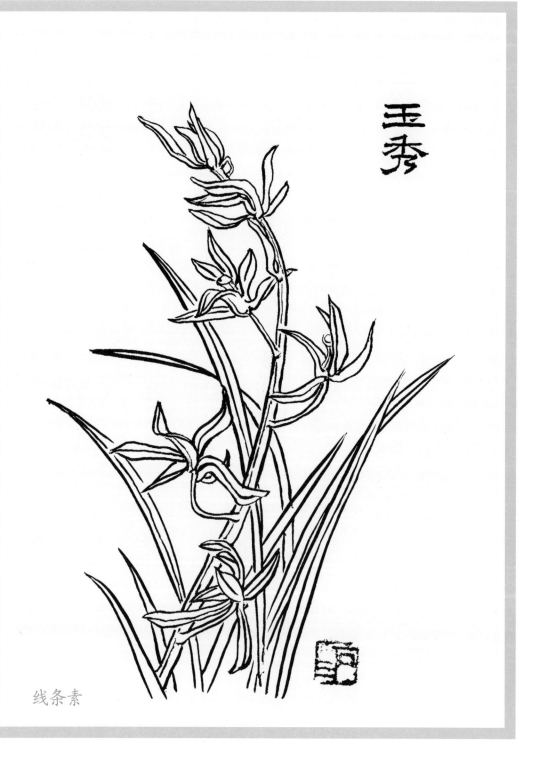

玉秀

线条素

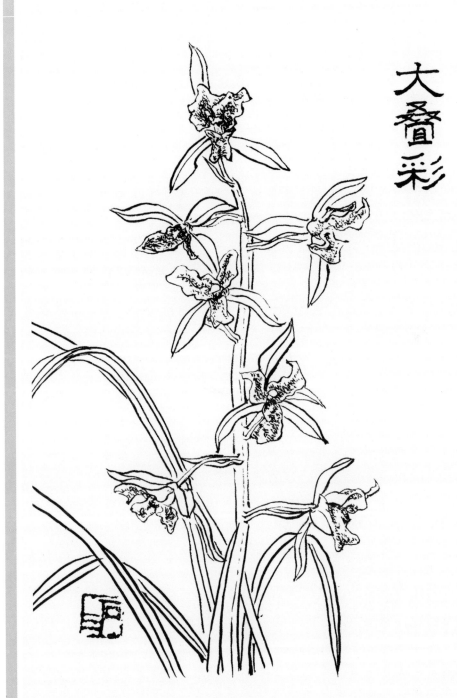

大叠彩

虫兰

兰上品

柳梅（净绿）　汪氏梅瓣（净绿）

萧山荷花素　萧山绿梅　常熟红梅

蕙上品

万氏梅瓣（氏一作字，下同）　大朱氏水仙

洪氏水仙　彩蟾梅瓣　李氏梅瓣

尤氏梅瓣　丰氏水仙　黄氏水仙

右俱官种，捧心软硬不一，花头极大。外有前方氏、后方氏、小朱氏、金氏，虽系佳种，属于次品。

蕙素上品

萧山荷花大素　常熟大白　过江素

以上兰蕙共计二十品，其形色难以言述，兹先举其目，俟续刻，内补绘花，详加注释，庶览者可按图而索也。

凡兰之两旁大瓣，须平如一字，俗谓之"一字肩"；有初开平肩，开久渐落者，谓之"开落"；有初开平如一字，开久转向上者，瓣花得此，最为名贵。

水仙瓣须厚，大瓣洁净无筋，肩平，舌大而圆，捧心如蚕蛾、如豆荚，花脚[1]细而高，钩刺全[2]、封边清[3]、白头重[4]，乃为上品。兰叶铁线者[5]，多出水仙瓣。

荷花，瓣厚而有兜，捧心圆，收根细，为真荷花瓣。否则虽

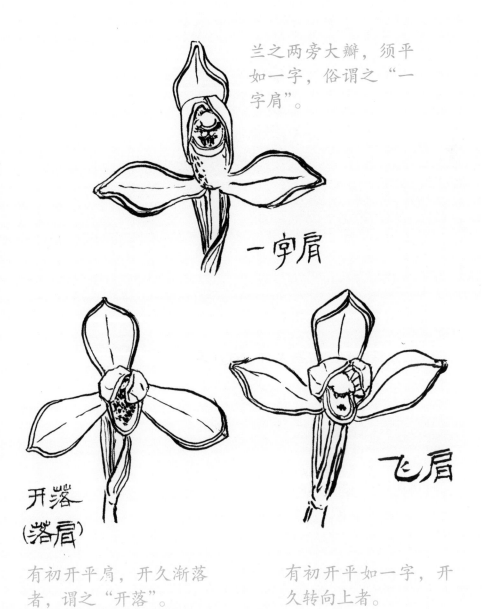

兰之两旁大瓣，须平
如一字，俗谓之"一
字肩"。

一字肩

开落
（落肩）

飞肩

有初开平肩，开久渐落
者，谓之"开落"。

有初开平如一字，开
久转向上者。

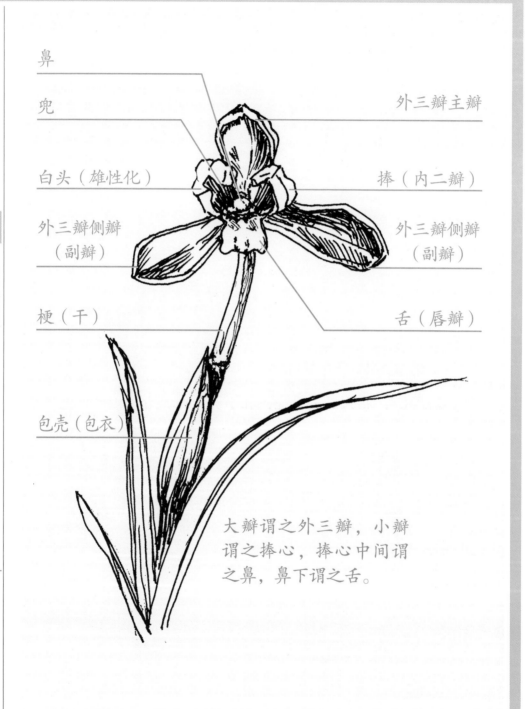

鼻

兜

白头（雄性化）

外三瓣侧瓣（副瓣）

梗（干）

包壳（包衣）

外三瓣主瓣

捧（内二瓣）

外三瓣侧瓣（副瓣）

舌（唇瓣）

大瓣谓之外三瓣，小瓣谓之捧心，捧心中间谓之鼻，鼻下谓之舌。

花瓣甚阔，不可混名也。

真超瓣，瓣厚、兜深、收根紧细，形如超也。

梅瓣如梅，团瓣不尖；荷花先论收根，瓣厚为贵；水仙专看捧心，白头为准。

凡舌大者，复花不走。荷包舌、刘海舌，复胜于新。

映腮不一，有舌根黄光一线者，有淡红光一线者，舌色纯白可以乱素。

桃腮，有舌根淡红者，有深红者，有紫色者，舌亦纯白。刺毛素，舌上有细点如毫末，或黑或黄或绿，细看方见。

蕙花之关系，全在转柂[6]后、放瓣前，无外相者有好花，真出人意表也。

有花乍开瓣甚狭，逐渐放阔，开至三日始足，较初开阔至两三倍者，惟荷花有此开品。

有蕊如桂[7]，花大已出大壳，在小壳内即开者，渐渐透壳、渐渐放大，此名"佛手水仙"。

蕙花捧心短而有兜，不论外三瓣阔狭，即称名"水仙"。小衣壳[8]花瓣尖，俱有倒钩，大瓣有封边，捧心有白头如观音兜，外瓣短阔如水仙者，为真水仙。

兰品高者，每盆一二十花，朵朵迎面而开，谓之"同心"，出于自然者为上。若花欲透壳时三面遮蔽，留一面向阳亦能迎面，但需花脚高者，方能如蕙之转柂，否则人工莫施也。

兰之入品者，花无指摘，叶宜品题。短叶在花底者为上，细叶次之，若长阔叶，到根处必须紧细，方有随风婀娜之妙。美人芳草，言其情也。

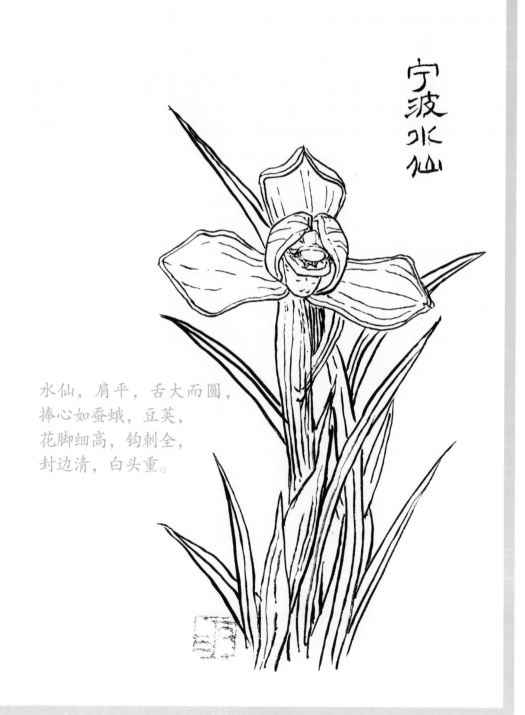

宁波水仙

水仙，肩平，舌大而圆，
捧心如蚕蛾，豆芙，
花脚细高，钩刺全，
封边清，白头重。

美荷瓣

荷花，辮厚有兜，
捧心圆，收根细。

九龙梅

真超瓣，瓣厚，
兜深，收根紧细，
形如超。

宋梅

梅瓣如梅。宋梅是梅瓣
的代表。

花脚宜长，出土五六寸者为上，亭亭挺秀，相见不与众草为伍之意。

"蜂采百花，俱置股间，惟兰则拱背入房，以献于王，物亦知兰之贵，如此。"见《群芳谱》。

于若瀛[9]云："一茎一花者曰兰，宜兴山中特多，南京、杭州俱有，虽不足贵，香自可爱，宜多种盆中。今日绝重建兰，却只是蕙，见古人画兰殊不尔。"虎丘戈生曾致一本，叶稀而长，稍粗于兴兰，出数蕊，正春初开，花特大于常兰，香倍之，经月不凋，酷似马远[10]所画。戈云："得之他方，今尚活，花时当广求此种，以备春兰之极品。"

"兰，紫梗青花者上；青梗青花者次之；紫梗紫花者又次之，余不入品。"[11]（《花史》，指建花说）。

常熟有万氏水仙，由万姓始得种也，大花瓣阔而微长，捧心如鸡豆[12]壳之半，花色带黄，白绿壳，此兴兰之高品也。

兰品高于蕙，人之视兰，若不经意，于蕙独奔走恐后[13]者，由嘉种不易得，或夸目力，或执意见[14]，彼此揣度，议论短长[15]，究之空言无补耳[16]。兰之入品者，亦不易得，使培养如法，花能不断，不比蕙之难于发剪也，故树蕙不若滋兰。择兰之入品者或次品者，尽心培养，积五六年之久，极其茂美，每盆十余花或数十花，和风习习，满坐生香，不亦赏心乐事手。余于陆墓[17]陈氏见素花数种，内荷花素一盆，花发三十余剪。真神品也，故论及之。

花有开品，放瓣愈迟愈妙，若蕙花如此开法，其花必好。花梗挺直，排铃时短簪横挺[18]，隔一两日后方始转柁向上者，亦是妙品。

　　昔人论书画分神、妙、能三品，窃谓兰蕙之品不一，亦可以此概之。至于蝶兰、三瓣兰、元宝兰以及蕙花中有虫形及金色、朱色之类，并可以逸品、异品称之。

　　前于若瀛见戈生之兰，即建花中所谓"弱脚"[19]是也，彼云入腊方开，此云正春初开，系同时而略有先后耳。可见前人爱玩不专，致今考核失实，使后人心目中别有异于常兰者在，窃恐于苏杭间，虽广求之，未能得也。

　　双兰、品字、四喜等品，必须剪剪如此，方为可贵。若偶发一剪，因得山之旺气而然，不能复出。

　　水仙取钩刺者，由水仙花瓣上有倒钩故也，故于铁线叶外，有叶梢圆而不尖者，亦开水仙，由其叶类水仙故也。造物滋生，其理莫解，或有气化所感，故能相肖欤[20]。外此如荷花、梅瓣必得兜、收、厚兼全，方能人品。

　　超瓣、柳叶、线条，花之下者也，惟素心取之，然亦分好丑，以阔厚者胜。

　　或问花何取肩平？曰：此即品也。肩落，则逼桫欹斜[21]，肩平，则妥贴排冪[22]。

　　蕙有金丝水仙，花色黄而瓣厚有棱。

　　或谓兰取其芳香耳，何必漫立名目[23]，多此扰扰[24]，是真不可与言矣！夫物以罕有而见珍，亦以难得而可贵。试思俦人中有出类拔萃者，能不奉为圣人、贤人耶？

　　今所谓荷花，不过阔超瓣、大团瓣耳。人情溺于所好[25]，故盛称之，何必深辩[26]。至于品有一定，具眼人自能不为所惑[27]。

蕙素以外三瓣、捧心、舌头纯白如水晶者为上；外三瓣、捧心色白，舌白而不亮或起绿沙胎者次之；外三瓣、捧心色绿，舌白而有沙者又次之；外三瓣、捧心带黄色，舌起绿沙胎者又次之；若内外五瓣并舌俱带黄色者，为下品。

蕙花中以官种水仙为贵，由花头极大而肩平，较之寻常水仙迥然不同。凡白捧心上起如"油灰"、兼有深"兜"、花大如酒杯者，即为"官种水仙"。

"梅瓣""荷花"亦有"官种"，花特大于常品，瓣厚而不落肩，所以可贵。

蕙茎挺直，蕊如螺旋，如宝塔，下大上小，四面迎人者为最上之品。有先从顶花开者，谓之"笼放"，亦属佳品，若朝光向日者，非所贵也。

予友黄花奴云："水仙梅瓣之重官种者，譬诸书画中颜、柳、荆、关[28]，气浑力厚，自具一种沉雄之概。若寻常水仙梅瓣，谓之行瓣，花小而怯薄，如文、董、唐、仇[29]，非不可观，相形见绌矣。"又云："有金兰如赤金，舌如朱砂，为蕙花中贵重之品，数十年偶然一出。"目所仅见，存之以待将来核实。

梅瓣瓣尖缩入，惟外瓣兜不能深，与上品水仙不分高下。水仙有捧心合并一块，俗名"连肩搭背"者，非上品也。

有舌在捧心内不舒吐者，谓之"吊舌"；有偏在一边者，谓之"歪舌"；有舒而不卷者，谓之"拖舌"，俱花之病。

蕙花舌有远望如素，近则隐约现粉红色者，名曰"澹舌"。

[1] **花脚** 即花梗、花干。

[2] **钩刺全** 指兰蕙水仙瓣型的花三萼瓣尖端呈内卷，状如弯钩。

[3] **封边清** 指水仙瓣的二花瓣边缘的一圈白边要清晰、鲜明、齐整无残缺。

[4] **白头重** 指水仙瓣花的二瓣（捧心）头上有乳白色块，处在雄性化程度最适的一种状态。

[5] **兰叶铁线者** 兰蕙叶质硬，形直立而细如铁丝，水仙瓣中可常见此叶形。

[6] **转柁** 又称转茎；言蕙花大排铃后，花梗上的每个花苞，由原来向左右前后横出生长变为重新竖起，称"转柁"。

[7] **桂** 樟科植物，肉桂。《本草纲目·木部·桂》（集解）引陶弘景曰："单名桂者，即是牡桂，乃《尔雅》所谓'梫，木桂'也（即肉桂）。"书中所述之蕙，出大壳排铃时，梗无拔高，缩成一团，开的花极似肉桂花籽或佛手柑果。

[8] **小衣壳** 紧裹每个蕊头的一张包壳，称"小衣壳"。

[9] **于若瀛** 山东济宁人，明万历十一年进士，历任河南巡道、太仆少卿、都察院右金都御史、陕西巡抚等职，精诗文书画。

[10] **酷似马远所画** 马远：南宋画家，祖籍河中（今山西永济），生长在钱塘（今杭州），擅画山水花鸟，画树喜用焦墨，画叶用夹笔，多横斜曲折之态，有"马一角"之称，传世作品有《踏歌图》、《水图》等。此指戈生曾得一丛叶细而长的春兰，其形与马远所画的兰极为相似。

[11] **凡兰，……余不入品** 此处指建兰而言。

[12] **鸡豆** 学名"鹰嘴豆"，豆目蝶形花科草本植物，是世界第三大豆类，中国主要种植于新疆、青海和甘肃等省。其果实色如黄豆形如碗豆，一端尖似鹰嘴，"鹰嘴"背后部位鼓凸、中有凹缝（泡水后更为明显），酷似兰花的一种捧心。

[13] **人之视兰，若不经意，于蕙独奔走恐后** 人们往往不重视兰，而对蕙却特别肯下大力，四处加以搜集，恐怕落在别人后面。

[14] **或夸目力，或执意见** 各自夸耀自己对未来花品的鉴别能力，固执坚持自

己的观点。

[15] **彼此揣度，议论短长** 揣度：估量；议论短长：指人们对新花优缺点的不同看法和争论。

[16] **究之空言无补耳** 说到底那都是空话，根本谈不上有什么益处。

[17] **陆墓** 地名，现名陆慕，位于苏州市相城区元和街道，因唐代宰相陆贽的墓地在此而名。

[18] **短簪横挺** 簪：簪子，头部用玉石，尾尖部用银加工而成，为古时女子头上的饰物，此处形容蕙花大排铃时，一个个小花苞左右前后如玉簪子横出的形象。

[19] **弱脚** 作者认为系花苞发育不良所致的建兰，并非是新种、变种。但根据文中描述"细长叶""年底前后开花"和花期"一个月"的特征看，可能是寒兰、春剑或莲瓣兰。

[20] **能相有欤** 相有：相互所共有；欤（yú）：叹词。意谓才会有相互所共有的特征吧！

[21] **逼桫欹斜** 逼桫（zǎn）：逼迫；欹斜：歪斜不正。指花的萼瓣形状歪斜不舒展。

[22] **排奡（aò）** 原形容文笔刚强有力。韩愈《荐士》诗中评孟郊诗风："横空盘硬语，妥贴力排奡。"文中借指花的萼瓣形状健美、齐整、舒展。

[23] **漫立名目** 随便的取上许多名称。

[24] **多此扰扰** 扰：干扰。指反而增加许多麻烦。

[25] **人情溺于所好** 溺：沉湎、沉醉。言人的兴趣沉湎在所喜欢的事物（兰花）上。

[26] **故盛称之，何必深辩** 所以大家都这样称呼，没必要去深究。

[27] **具眼人自能不为所惑** 具：具备；眼人：有识别能力者；惑：迷惑。言具有一定识别水平的行家，自然不会被表面现象所迷惑。

[28] **颜、柳、荆、关** "颜"：颜真卿，唐代书法家，正楷端庄雄伟、气势开张，行书遒劲郁勃，对后人影响很大，被称为"颜体"。"柳"：柳公权，唐代书法家，书法骨力遒健、结构劲紧、自成面目，与颜真卿并称"颜柳"。

"荆":荆浩，五代后梁画家，擅画山水，作云中山顶能画出四面峻厚的气势，对中国山水画的发展有重要影响。"关"：关仝，五代后梁画家，擅写关河之势，笔简气壮，时称"关家山水"，与荆浩并称"荆关"。

[29] 文、董、唐、仇 "文"：文徵明，明代书画家，工行草书，尤精小楷，有智勇笔意；擅画山水，构图平稳、笔墨苍润秀雅，与沈周、唐寅、仇英合称"明四家"。"董"：董其昌，明代书画家，他讲求笔致墨韵，风格清润，画风、画论对晚明后画坛影响深远。"唐"：唐寅，明代画家、文学家，29岁乡试第一，后在会试时因涉嫌舞弊被革黜。从此游名山大川，卖画为生。擅画山水，并兼人物花鸟，笔墨润秀峭利、清隽生动，善兼书法诗文。"仇"(qiú)：仇英，明代画家，工匠出身，以卖画为生。擅画人物，尤长仕女，水墨、白描笔法流转劲利、细润而风骨劲峭，模仿历代名迹，落笔乱真。

今译

（品种名略。）

以上所举总计兰蕙品种二十个，要说清它们的形和色实在困难，现在先写出目录，等待以后续刻内补绘花的时候再详细进行注释。希望能让读者可对照图画进行品种鉴别。

兰花的两侧大瓣为侧萼，侧萼须平如"一"字，俗称为"一字肩"；有的刚开是平肩，后肩往下挂落，俗称为"开落"（下挂）；有的初开是平肩，但随着时间延长，两肩反而向上的，俗称作"飞肩"，这样的瓣花可说是最为名贵。

水仙瓣型的花的三萼，必须厚而大，颜色要净绿没有红筋，肩平；唇瓣要大而圆；二花瓣（捧）应有"白头"（雄性化适当），如蚕蛾捧、豆荚捧；花梗要细而高；花还须有明晰的白色边线，尖端要内卷如勾；这才称得是上品。形细而质硬的叶，俗称"铁线叶"，这常是开水仙瓣花的特征。

荷瓣型的花，三萼瓣要质厚、形状起"兜"（勺状）、基部"收根"（变狭）；二花瓣（捧心）形圆如半球，相对而生，这才叫真荷瓣。不要把那些只有阔萼瓣的花误当作荷瓣混为一谈。

真超瓣，三萼瓣需质厚、起兜深、收跟紧细、形状如勺。

梅瓣型花的三萼像梅花的花瓣，端部形圆不尖。荷瓣型花首先要求"收根"，瓣质厚为贵；水仙瓣花以二花瓣（捧）有"白头"为标准。

舌形大的水仙瓣，以后开花时性状较稳定不变。其中荷包舌（大圆舌）、刘海舌的品种在复花时花品会比下山时还要好。

映腮舌变化较多，有舌根部显出黄光一线的、也有显出淡红光一线的，如舌色纯白的也可以称为素心品种。

桃腮素有舌根部为淡红色的、有深红色的、有紫色的，这一类花中，舌色也有纯白的。刺毛素舌上有细点，如灰尘一般，颜色有黑、黄、绿等，要细看才能看清楚。要鉴别蕙花的好或差，关键在于花蕊"转柁"以后、展瓣以前的变化，如果这时仍没有能开出好花的外相而能出好花的，那真的是出乎意料。

有的花在刚开放时三萼瓣相当瘦狭，此后逐渐放宽变阔，过了三天后才开足，其形与初开时相比，增大、加宽了二三倍，这种开品上的变化，只有荷瓣型花才会有。

蕙花中有的花苞形只如桂花（按：肉桂花籽）那么大就出了大壳，并在小排铃时发育、开花，当它们透出小包衣后，花形便渐渐地开大，这种花品则称名为"佛手水仙"花。

蕙花的二花瓣只要形短而有兜，不管三萼瓣是阔是狭，一律称作"水仙瓣型"。如果每张小衣壳尖端都是后弯有倒钩，三花萼短阔如水仙花，且有白边；二花瓣有雄性化的白头且形如观音兜，这就是真正的"水仙瓣"。

真正上品的兰，每盆有花一二十朵，朵朵迎面开放，称为"同心"。花以出得自然，不加人工矫正的才称为上品。如果花苞在透壳时（将开前）把它们的三边遮掩起来，只留一面向阳接受光照，就能像蕙花的"转柁"那样，使花朵朝同一方向迎面开放，但必须是花梗高的品种才行，否则人工也无能为力。

可以入品的兰，即使花品已无可指摘，但对叶形也还是有所讲究的。以叶短、花高过叶的为上，细叶则为次之；如果是又长又阔的大叶，近根部的一截则必须要收紧变细，才会有随风轻舞、姿态婀娜的美感，才能体现出"美人芳草"高格的情调来。

花梗要以长5～6寸（即15～20厘米）的为好，这样才有挺拔而秀美的感觉，才能体现出君子志向高远"不与众草为伍"的深刻寓意。

蜜蜂采百花都是大腿放在花间，非常自由自在，唯独对兰花却是弯腰躬背恭恭敬敬地进入花冠内，由此可见连昆虫都知道兰的尊贵啊！见《群芳谱》。

于若瀛说："一茎一花的称兰，宜兴山中特多，南京、杭州也都有，它们虽不足以称贵，但香气实在可人，非常适合盆栽。至于被今人十分看重的建兰，其实也是属于蕙，我见古人所画的兰与它存在差异，并不是这样的。"苏州有位戈姓读书人，据说曾经种过那种叶子又细又长，比兴兰（春兰）稍粗的兰，开出来的几朵花比平常所见的兰花要大，香气也要浓郁得多，且花期有一个月之久，跟马远所画的兰非常相像。戈先生说："这兰从别地引进，今天仍种着，在开花时期要广泛搜集这种春兰中的极品。"

"大凡是兰，首以紫梗青花的为上品；青梗青花的次之；紫梗紫花的又次之；其余的则不能入品。"这是《花史》中（对建兰）的说法。

常熟有万姓兰人首种的万氏水仙，它花大、三萼瓣阔且微长，捧心如鸡豆壳中缝对半状，花色带黄，苞壳白绿，这是春兰中的上品。

兰的品位应高于蕙，但人们却不太重视兰，反而要不遗余力、争先恐后去设法搞到蕙。由于佳种难以得到，致使人心理上变得复杂起来，有自夸目力独到的、有固执坚持自己所判断，彼此评说其花的优缺点而互相争论。深思这一切，说到底实在都是于事无补的空话而已！能够得到入品的兰，其实也很不易，如果培养得好，可以开花不断，它不会比蕙难以起花。所以栽蕙比不上植兰好。选择名品，或者品位稍次一点的兰，只要能尽心地养护，种上五六年使它滋荣秀美，每盆有十几莛或几十莛花，开放在和煦的春风中，能使满座生香，心中该有多么快乐啊！我在地处苏州市东北的陆墓一位陈姓兰人那里见到几种素心花，其中一盆是荷花素，发了三十多莚花，真称得上是神品了，所以才写了上面的那些议论。

兰蕙之花有不同的开品，放瓣愈迟则开品愈佳，如果蕙花是这种开法，那一定是株好花。挺直的花梗上，"排铃"时一朵朵花像一枚枚短玉簪在花梗上横伸，过一二天后再开始"转柁"向上的，这也是妙品之花。

古人论书画分神、妙、佳三品，我心中暗自设想：兰蕙之花品不一，亦可以借用论书画这种说法来评定它们的等级。至于对蝶兰（疑为多瓣蝶）、三瓣兰（疑为外蝶）、元宝兰（疑为蕊蝶）以及蕙花的虫形、金色花、红色花之类，可以用逸品、异品称呼它们。

前面说到过的于若瀛所见过戈先生的兰，其实那就是建兰中发育不良的所谓"弱脚"草，他一会儿说要到十二月才开花，一会儿又说春节时放花。实际上应是同时，只是放花时日略有些先后罢了。由此可见，前人玩花不够专心，造成了考证失实，致使后人以为那花不同于寻常之兰。我暗自在想，也许苏杭一些地方还有这种花！于是到处寻找，却始终未能找到。

对于双兰、品字、四喜等品种，一盆中必须每莚要开得一样，才能称作可贵，如果只是偶然在一莚中有之，那只是因山上气候、环境等条件特宜兰生长而偶成的现象，以后再不可能复花重见。

水仙瓣型花为什么要强调必须有钩刺？原来是真的水仙花的花瓣端生有倒钩。除了坚硬的铁线叶开水仙瓣花外，也有叶梢部圆而不尖的植株能开"水仙"的，那是由于其叶像水仙的原因！自然界中，造物主是怎么创造万物，并让其滋生？这是难以理解的，大概就是形成宇宙万物最根本的物质"气"所感通，所以才会有相互共有的特征吧！另外如荷花瓣、梅瓣必须要起兜，不但要收根，且还要瓣质厚的，才可入品。

超瓣、柳叶瓣、线条瓣都是下品，这类花中只有素心可以入品，但也要分出好与差来，以瓣萼形质厚阔的胜出。

有人问：兰蕙之花为什么要取肩平？回答：这就是强调"品"啊。落肩的萼瓣不端正，给人有逼迫之感；平肩的三萼舒展，给人有端正大方之感。

蕙有金丝水仙，花的颜色黄，三萼质厚而有棱。

有人说："兰蕙嘛无非取它有芳香而已，何必要有那么多名目、增加许多麻烦，实在难以理解啊。"世上任何东西以稀为珍贵，也以难得而感可贵，请想一想在众人中的拔尖出众的优秀者，还有谁会不把他当成圣、贤人一般的？

现今人们常说的所谓"荷瓣花"，只不过是阔瓣、超瓣和大团瓣而已！并非是真正的荷瓣。但由于人们沉湎在对它们的喜好中，因而对它的评价很高，何必一定非得去辨个明白！至于说到对"品"的要求，那是有一定的对照标准的，在行的人心里有把"尺子"，具有识别的眼力的人，自然不会被迷惑。

蕙素以三萼瓣、二花瓣和唇瓣，三者纯白如水晶的为上品；三萼瓣和二花瓣色虽白，但唇瓣白而无亮光，或泛绿沙光的，则为次之；三萼瓣及二花瓣色绿，唇瓣白而有沙的，则又次之；三萼瓣及二花瓣带黄色，唇瓣起绿沙胎的，当属再次之；如果外三瓣及内二瓣和唇瓣都带有黄色的，那就是下品。

蕙花以官种水仙为贵，花苞极大的必定是平肩，它和一般的水仙瓣品种相比，是截然不同的。凡是二花瓣（捧）上有较强雄性化（起油灰块）、具有深兜、花形大如杯的，那就是官种水仙。

梅瓣、荷瓣中也有官种，花形要求特大于一般的，且瓣质须厚而不落肩，才称得上可贵。

蕙花的花梗笔直，花苞或像螺旋形直上、或像下大上小的宝塔，且四面都能欣赏到花的，为最上品。花苞先由顶上向下次第开放的，则称为"宠放"，也属于佳品。如果花朵全是朝光向日只开同一面的，那就不是贵品了。

我的好友黄花奴说："人们对水仙梅瓣之所以重'官种'，是因为它们如唐时颜真卿、柳公权的书法；犹如五代后梁画家荆浩、关仝的画一样有气浑力厚、博大沉雄的气概。如果是寻常的水仙梅瓣，那是被称作'行瓣'的，花小而质薄，犹懦怯之人。就像文徵明、董其昌、唐寅和仇英的书画作品那样，不是不可以观赏，而是感觉到要相形见绌！"黄花奴又说："有名称金兰的蕙，色如纯正的黄金，唇瓣之色红如朱砂，称得上是蕙中的珍品，数十年里只偶然一出，为自己所亲眼目睹，一生中所仅见。"我将这意思留在书上，等待着后人去作核定工作。

　　梅瓣三萼瓣尖端往里紧缩，致使三萼瓣瓣兜不深，这种花品跟上品水仙等同。水仙瓣有二花瓣（捧）并成一块的，俗称"连肩搭背"，就不能算作上品。

　　有花之唇瓣（舌）躲在二花瓣内不舒吐的，称为"吊舌"。有唇瓣偏向一边的，称为"歪舌"。有唇瓣舒而下挂的，称为"拖舌"，这些都是花品方面存在的缺点。

　　蕙花唇瓣有远看似素心，近看却隐约可见罩有粉红色的则称为"淡舌"。

本 性

蕙性喜阳，须得上半日三时之晒，若冷天，久晒亦可。至兰则朝暾[1]一二时足矣。俱需在透风处安放，如盆不能移动，遇夏秋烈日，宜用木架，上以芦帘覆之，日过即撤去。如遇淫雨[2]，以篾篷遮蔽，雨过亦即撤去。总须干湿得宜，适花之性[3]，则根叶自然繁茂，花亦不断矣。

栽蕙盆宜大，使根叶舒展、且易得土气[4]。一云：凡栽兰蕙，须盆与花称，因性喜润而不喜湿。如盆大，恐雨后不能沥水，数日难干，须俟根叶逐渐长多，逐年换盆。

新花种一月后方得土气，叶之黄者可转绿，蕙花得土气则老叶缩尽、子叶渐长。

凡兰蕙子叶正在丛生之际，不可翻种分种，恐泄气也，老根出土处如小蒜头，谓之"龙头"，有"龙头"方可分种，一名"芦头"。

出山初种者为"新花"；盆中久植者为"服花"，又名"复花"。兰复不如新[5]，蕙复胜于新。凡瘦山[6]花养护得宜，俱复胜于新。

大抵兰喜阴、蕙喜阳，然须探讨花之本性，或系阴山，不宜骤晒[7]；或系阳山，不宜频雨[8]。瘦山骤肥则损，肥山久瘦亦损，违其性难遂其生[9]。失之毫厘，谬以千里[10]！

蕙花种地宜南向庭中西偏，或假山或花坛上，方能繁茂。严寒仍用稻草盖之，以护其叶，若无蝼蚁伤根，经数十年愈茂。每花可得数十剪，然惟赤壳超瓣能之。太肥则不花，太瘦亦不花。

建花畏冷畏风，冬末春初尤甚，春风更畏，畏雪畏湿。凡种新花，其根水浸既久，不可骤然着土，剪去腐断者，剔去沙石茅竹诸根，置于新瓦之上，使水气吸尽，方可入盆。

凡兰蕙生于某处，即以某处之土种之最妙。或云虞山子游泥，与福山[11]海口近，恐被海风吹，土性咸寒，未尽善也。

《淮南子》曰："男子树兰，美而不芳。"说者以兰为女类，故男子树之不芳。盖草木之性，兰宜女子[12]。《花史》

花开若枝上蕊多，留其壮大者、去其瘦小者，若留开尽，则夺来年花信。性畏寒暑，尤畏尘埃，叶上若有尘，即当涤去。《群芳谱》

九月，花干处用水浇灌，湿则不必。十月至正月，不浇不妨。最怕霜雪，更怕春雪，一点着叶，一叶就萎。用篾篮遮护，安顿朝阳日照处、南窗檐下。须两三日一番旋转，取其日晒均匀，则四面皆花。（《群芳谱》，同上则俱论建花，似可通于兰蕙，故录之）

茎叶柔细，生幽谷竹林中，宿根处移植腻土，多不活，即活亦不多开花。其茎叶肥大而翠劲可爱者[13]，率来自闽广移来也，非草兰比。《花史》

刘梦得[14]诗："光华童子佩，柔软美人心"。苏子瞻[15]诗："春兰如美人，不采羞自献"。不独见兰之品，更能识兰之性矣。

兰为王者香，香之祖也。蕙如君子，谓有德惠者也，故士大夫多好之。至于市井之徒[16]，每遇春夏花出山，藉以取利。村南巷北，累百盈千；穷谷深山，贩佣麇集。顿使幽芳奕奕，翻成逐臭之场[17]，吾为众花发一浩叹也。然使爬罗抉剔，不有若辈[18]，又乌从而至于士大夫之前哉[19]！物聚于所好，抑性使然钦[20]，嗜好家不夺于李唐来之所爱[21]，独能注意于此，亦可谓犹贤乎已。

花性肥瘦，惟视子叶之盛衰，肥则萎烂，瘦则羸弱。与其过于肥而萎烂，无宁失之瘦[22]，俾羸弱者，尚可滋养，以复其初也。

《花镜》[23]谓："苟得其性[24]，万无不生之木、不艳之花，惟在分其燥湿高下、寒暄肥瘠之宜[25]。"此指大概而言，不知众花各有性，即一花亦有性。所谓性者，要不外于燥、湿、肥、瘠四字。新花畏风，复花喜风；新花恶日，复花宜日，此先后之间性之相反者也。夏秋不可干，春冬不可湿；天寒宜曝，日烈宜阴，此四时之中，性之相反者也。或云蕙喜向阳，初种之泥须日中久曝极干，上盆入土后，其剪可以顿长，此亦喜阳之一证。

种花之道，亦有过则失中者，每见人以"蕙性喜燥"一语，当盆土燥烈后，亦不即施浇灌，以致子叶焦枯、老叶黄落，则根液已涸，后虽燥湿得宜，花已受病矣。

凡素花，不喜肥，肥则无花。人不能识其性，反咎花之难发，不剌谬乎！《续博物志》谓："橘柚凋于北徙，石榴郁于东移[26]。"花木之性然也，植兰者乌可不知[27]？

蕙蕊长时，花头作弯弓状者，将弯处向阳、以背阳光，则干舒直。如再向外，仍如前将盆旋转。

花舌为本、花瓣为末，舌大者复花好，由本正而末无不治也。

人以海虞种花得法，每竞趋[28]之，此真贵耳而贱目[29]者。余曾亲至其地访之，其实平淡无奇，用本山泥每年翻种一法，已采入培养门内。此外不过调其燥湿，谨其盖藏，别无奥妙，因知性即理也，其理一而已矣。

[1] **朝暾**（zhāo tūn） 早上初升的太阳。

[2] **淫雨** 连绵不断的过量之雨。

[3] **适花之性** 适：适应；性：植物生长的习性。

[4] **易得土气** 土气：土壤中的水分、肥分。

[5] **复不如新** 指兰花复花后的花品比不上当时新花那样好的规格。

[6] **瘦山** 土壤贫瘠之山。

[7] **骤晒** 骤：屡次，多次。犹言光照过多。

[8] **频雨** 频：频繁。犹言频繁地淋雨。

[9] **违其性难遂其生** 违：违反；遂：称心。犹言不按照兰的生长习性去做，难以使它生长繁茂。

[10] **失之毫厘，谬以千里** 失：过错；毫厘：皆言微小；谬：差错。意谓小小的一个失误，会带来巨大的损失。

[11] **福山** 地名。即江苏省常熟市海虞镇福山村，位于常熟正北，临近长江入海口。

[12] **盖草木之性，兰宜女子** 盖：大概；宜：适合。意谓兰花适合女子栽培，大概就是它的性格特点！

[13] **其茎叶肥大而翠劲可爱者** 翠劲：苍翠而健壮。意指广东、福建一带所产的墨兰和建兰。

[14] **刘梦得** 即刘禹锡，唐朝大诗人、文学家、哲学家。

[15] **苏子瞻** 即苏轼，北宋文学家、书画家。

[16] **市井之徒** 言街巷里那些为私利而不择手段的人。

[17] **顿使幽芳奕奕，翻成逐臭之场** 顿：立刻，顿时；幽芳：指兰；奕奕：神采焕发；逐：追逐；臭：令人厌恶的，场：场所。

[18] **爬罗抉剔，不有若辈** 爬罗：搜罗；抉剔：挖取，挑选；若辈：这些人。

[19] **又乌从而至于士大夫之前哉** 乌从：表反问，从哪里；士大夫：有声望、有地位的读书人；前：面前。意谓然而如果没有这些人对兰花作搜集挑选，

兰花又怎能来到士大夫的面前呢?

[20] **物聚于所好，抑性使然欤**　聚：集结；好（hào）：喜欢；抑：抉择；性：性情；然：如此；欤：助词，表疑问。意谓物因人的喜欢而被集聚一起，于人是否也应是同样的道理?

[21] **李唐来之所爱**　此指牡丹。语见《爱莲说》："自李唐来，世人甚爱牡丹。"

[22] **与其过于肥而萎烂，无宁失之瘦**　萎：枯萎；烂：腐烂；毋宁：宁肯，宁愿；失：失手；瘦：缺肥。意谓与其植株因过肥而烂根、萎株，还不如宁可让它因缺肥而瘦弱不死。

[23] **花镜**　清陈淏子于康熙二十七年（1688年）写成，作者自号西湖花隐翁，喜种花、读书，书中有花历新栽、课花十八法等，都是其经验所谈。书流传甚广。

[24] **苟得其性**　苟：假如；得：得知，认识；性：植物的生长习性。

[26] **橘柚凋于北徙，石榴郁于东移**　凋：衰败，脱落；徙：迁移；郁：腐臭。

[27] **植兰者乌可不知**　乌：怎么。栽培兰花的人怎么可以不知道这些道理（知识）呢?

[28] **趋**　遵循。

[29] **贵耳而贱目**　犹言重视耳朵所听的，轻视眼睛所见的。语出张衡《东京赋》："若客所谓，末学肤受，贵耳而贱目者也。"又见李时珍《本草纲目·草三·蛇床》："世人舍此而求补药于远域，岂非贱目贵耳乎?"

　　兰蕙本性喜光照，每天上午可以接受三个时辰（卯、辰、巳）的阳光，如果冬时天冷，整天日晒也可。但对兰而言，只在晨光下照两三个小时就已足够了。必须都把它们放在通风的地方，如果不能移动盆子，那么就要用木架搭棚，并盖以芦帘遮阴，以防止夏、秋天的烈日，日落即收去。如遇长雨天气，需用篾篷遮蔽，雨后即收去，一定要做到干、湿得当，能适应它们的生长要求，这样它们自然会根叶繁茂、开花不断。

　　栽植蕙兰宜用大盆，才能使根叶舒展，容易较多地吸收到土壤中的水分和肥分。有人则认为栽培兰蕙要盆与花相称，因兰蕙有喜润而不喜湿的习性，如盆大花小，雨后排水不畅，致盆土数天难干，植株透气不爽，待植株根叶逐渐长多、长大，再逐年换大盆较好。

　　出山初种的兰蕙，称作"新花"，要栽上一个月之后才能服盆得气，黄叶还可再转绿；蕙花得气后老叶会枯萎，新株会同时渐长。

　　大凡兰蕙处在生长期里正在发苗丛生的时候，切不可翻盆或分种，以避免"服盆"时间里养水供应不足，伤了元气。假鳞茎底部刚长出来的芽头，白如小蒜头，称为"龙头"，又称"芦头"，有了它才可以分种。

　　下山初种的兰蕙称"新花"，长期种于盆中的就称"服花"，又称"复花"。兰的复花往往不如新花时好；蕙的复花却常比新花时好。土壤贫瘠的山所出之花如能养护得法，复花均可比新花更好。

　　概括地说，兰喜阴、蕙喜阳，但同时必须了解它们原来的生活环境。如果花是阴山所出，就不适宜常晒太阳；如果花是阳山所出，就不适宜老是淋雨。瘦山出的花如果突然施肥，苗株就会受损；肥山的花如果久不施肥，苗株也会受损。你要是违背了它们的生长特性，就难以达到使它们健康生长的愿望。所谓细小的疏忽，能造成巨大的损失。

　　种植蕙花以朝南偏西的庭园、或假山、或有阴棚的花坛为好，这样才可使它们生长繁茂。严寒时节，可用稻草覆盖的方法，以保护它们的叶株不受冻害，如果没有害虫伤根，数十年后，它们会愈加繁茂。每年花期每株能发花几十枝，但只有赤壳超瓣品种才能这样。请记住"太肥不开花、太瘦也不开花"这句话的道理！

建兰怕寒怕冷，在冬末春初时尤怕春风，更怕雪、怕湿。凡是种植那种在水中浸根时间较久的新花，不可突然培土，应先剪去腐根、剔净沙石和竹根后放在干瓦片上，待吸净水气后才可栽植于盆内。

栽植兰蕙用土以它们原生处的土壤为最合适，可用虞山子游坟边泥土。而福山因近海口，那里的泥土恐被海风吹，致使其性寒味咸，所以不是太好。

《淮南子》里说："男子种兰，美而不芳。"说这话的人以为兰是亲近女子的，所以男子种的花不香。大约草木也有适宜女子的脾性吧！见《花史》。

花梗上若见花苞过多，可摘去瘦小的、留下壮大的，如果让它全部开尽，那样会消耗大量营养，影响来年发花。建兰其性，怕冷又怕热，尤其怕灰尘，如叶上有了灰尘，应立即把它洗净。见《群芳谱》。

九月里（注：菱角燥）花盆中见土干需用水浇，花盆中见湿则不必浇；十月至来年正月，不浇水无妨（注：偏干）。兰蕙最怕霜雪、更怕春雪，所以应把它们放在南边屋檐下向阳处，用箦篓遮盖，过两三天常要转换一下盆的位置，这样可使日照均匀，日后能四面发花。

兰叶质地柔细，它们生长在深幽的竹林中，移栽在肥沃的土中不容易活，即使栽活了也不会开花。那些茎叶肥大、翠绿可爱的是引种于福建和广东的秋兰、墨兰，与所说的春兰、蕙兰不同。

唐代文学家刘禹锡诗说："光华童子佩，柔软美人心。"（释：年轻人纫佩兰，能添光增彩；君子之心，就是和善大爱。）北宋文学家苏轼诗说："春兰如美人，不采羞自献。"（释：春兰如君子，你不喜欢采他，他羞于自荐。）二诗不光说兰品格之高，更能说出兰之本性。

"兰为王者香"，是说兰是一切香之鼻祖；蕙如君子，是在颂扬有高尚道德的人，所以读书人多有喜欢兰蕙的。至于街头巷尾那些只为私利的人，每到春兰夏蕙放花出山之时，他们总要借此时机谋利。于是村南巷北上百成千的人受兰贩雇佣，蜂拥去深山穷谷寻觅兰蕙，立刻就使那生长着神采焕发的香草之地，变为他们追逐金钱、令人讨厌的肮脏场所。我不禁要为高山上那些遭厄运的众多兰蕙们长长地叹息！然而如果没有那些人上山去再三苦苦地搜罗挑选，兰花又怎么能到读书人那儿去呢？物因人性的喜欢而被收集一起，所以执着爱兰的人，不会被自唐朝以来备受推崇的牡丹所吸引，这样的人，可称得上真正是崇尚兰花的贤德人了！

要知花本身生长得好坏，只要看它叶是健壮或是衰弱。过肥，根叶会发生萎烂；缺肥，又可见虚弱没有生气。与其因过肥而萎烂，不如让它缺肥而瘦弱，因为瘦弱还可以慢慢滋养，使之恢复如初。

《花镜》里说："苟得其性，万无不生之木、不艳之花。惟在分其燥湿高下、寒暄肥脊之宜。"（释：假如适应了花木生长的特性，树就能万中无一不长，万花也能开得无一不艳。关键在于调节好土壤、环境的干湿程度，处理好冷暖变化，并能适当施肥。）这只是大概的意思，殊不知众花各有其性，一种花就有一种性。这里所说的"性"不外乎就是燥、湿、肥、瘠四个字。新花怕风，复花喜风；新花不喜阳光，复花喜欢阳光。在这先后之间，性却是截然相反的呀！夏秋泥不可干，冬春泥不可太湿；天冷多晒太阳，但太阳过强时要适当遮阴，一年四季之中，它们的特性却是相反的。例如蕙喜向阳处，初种的泥土须在太阳中久晒，待泥土极干后再上盆，这样可使入土之草迅速抽箭，这也是蕙的确喜阳的例证。

对种花原理和技艺的理解也有因太过而失去机会的时候。每每可遇到有人死板地抓住"蕙性喜燥"这句话，看到盆土已经燥得很厉害却仍不肯立即浇水，结果造成了植株枯焦、老叶黄落。须知这时根内细胞所含水分已尽，虽然后来燥湿处理得周到，但花却已得病了。

大凡素心花，都不喜肥，肥了就不会开花。有人不知道这一特性，却反而去责怪它们难以养壮，这不就是一种谬误吗？《续博物志》说："橘柚凋于北徙，石榴郁于东移。"（释：橘柚落果凋萎，因为它不宜生长在北方；石榴郁闷而死，那是因为它不宜栽到东部地区。）花木的特性就有这样的不同，植兰的人怎么可以不知道这个道理呢？

蕙兰的花梗较长，常有弯曲似弓的现象，这时可转动盆子，使凹面朝阳，凸面背阳，可使弯曲的花梗变直。如果变直后又回到了老样子，仍可像前面那样再重做一次。

花以舌为本，以花瓣为末，所以舌大的复花必好，因为根本的（花舌）正确了，那么次要的（花瓣）（通过一定的方法）是可以改变的。

听说海虞人养兰有好方法，有人却一听就争着照做，不愿意亲去看看，这真应了前人所说"贵耳而贱目"这句话了。为此，我曾经亲自去那里访问考察，所见其实平常无奇，就是用本山之泥，每年翻种一次罢了。现已将这经验纳入本书的"培养"部分。另外就是处理好燥与湿的关系，冬时做好保暖工作，其余再无别的奥秘可言了，了解了兰蕙的特性，就懂得了栽培方面的道理，这道理就是如此而已。

《第一香笔记》卷二

清·吴郡朱克柔砚渔辑著
信安·莫磊 瑞安·王忠 译注校订
信安·郑黎明审校

外 相

江南兰只在春芳，荆楚[1]及闽中[2]者，秋复再芳。故有春兰、夏兰、秋兰、素兰、石兰、竹兰、凤尾兰、玉梗兰。春兰花生叶下，素兰花生叶上[3]。至其绿叶紫茎，则如今所见，大抵林愈深而花愈紫耳。《群芳谱》[4]

蕙花大抵似兰，花亦春开，兰先而蕙继之，皆柔黄，其端作花[5]，兰一茎一花，蕙一茎五六花，香次于兰，大抵山林中一兰而十蕙。

黄太史[6]诗："光风转蕙泛崇兰。"[7]《离骚》言："兰九畹，蕙百亩。"以是知楚人贱蕙而贵兰也。《花史》[8]

蕙虽不及兰，胜于余芳远矣[9]，《楚辞》又有"菌阁蕙楼[10]"，盖芝草干杪敷华[11]，有阁之象，而蕙华亦干杪重重累积，有楼之象[12]云。《群芳谱》

[1] 荆楚　今湖北一带。

[2] 闽中　今福建一带。

[3] 素兰花生叶上　指花梗高，花开高过叶面，又称"大出架"，文中指素心建兰。

[4] 《群芳谱》　花卉名著，明王象晋撰。象晋为山东新城（今山东恒台县）人，万历进士，平日家居，督率佣仆在田园栽谷、蔬、花、果、桑、麻、药、草等，积累知识，加上文献记载和访问，写成此书。

[5] 皆柔荑，其端作花　皆：都是；荑：花梗；端：头上；作花：开花。

[6] 黄太史　黄庭坚（1045-1105年），北宋诗人，书法家，字鲁直，号山谷道人、涪翁，江西修水人，治平进士，以校书郎为《神宗实录》检讨官，迁著作左郎。后以修"实录"不实之罪，贬谪涪州。

[7] 光风转蕙泛崇兰　光风：雨停日出时的和风；泛：透出，广大无边；崇：充满。形容雨后和风把蕙和兰的芳香传送得那么遥远。此句出自《楚辞·招魂》，黄庭坚在其《书幽芳亭》中引用此句。

[8] 花史　成书于明崇祯年间（1628-1644年），共十卷。系永嘉（温州古称）人吴彦匡撰，彦匡字子范，号葵衷，明神宗万历十九年举人，知龙南县。

[9] 胜于余芳远矣　胜：比另一个优越；余芳：别的花、其余的花。

[10] 菌阁蕙楼　语出《楚辞·九怀·匡机》的"菌阁兮蕙楼，观道兮纵横"。阁、楼：指兰蕙开花高耸有层次的形象。

[11] 芝草干杪敷华　芝草：香草，文中指春兰花形象；干杪（miǎo）：枝梢；敷华：开花。

[12] 蕙华亦干杪重重累积，有楼之象　重重累积，一层一层地叠积，形容蕙花层次上下有序，像一幢楼房。

江南一带的兰花只在春时开放，湖北及福建一带的兰花却是在秋时放香，所以有春兰、夏兰、秋兰、素兰、石兰、竹兰、凤尾兰、玉梗兰等多种品类。一般来说春兰花梗较短，所开的花低于叶面；素兰（注：所指是素心建兰）花梗长，开的花要高过叶面。至于绿叶紫茎（注：指彩心建兰），就是今天常见的那种（建兰）。大概地说：生长在山林里的兰花随着林深，花梗之色会愈紫。见《群芳谱》。

　　蕙兰大致如春兰一样，也在春时开花，兰先放花，蕙随后跟着开放。（它们的花都是开在花梗的端部，）兰是一梗一花，蕙是一梗五六朵花，香要比兰稍逊。在山林里蕙多于兰，大抵比例是一兰十蕙。

　　黄庭坚诗在《书幽芳亭》中引用："光风转蕙泛崇兰。"（释：和煦的阳光下，兰蕙成丛地生长着。诗歌活用原意，是说人们对兰蕙的崇尚和喜爱，并无轻兰重蕙，或轻蕙重兰之意。）《离骚》说："余既滋兰九畹兮，又树蕙之百亩。"由此可以断定楚人是重视兰而轻视蕙的。（释：屈原《离骚》辞中之本意是一种形容或夸张之说，意思是我已种了大片的兰，又种了满地的蕙。并没有轻蕙重兰之意，有人却以此话作为古人重兰轻蕙的依据。）见《花史》。

　　蕙虽没有兰好，但与别的花卉相比，却要远远地胜过它们。《楚辞》又有"菌阁蕙楼"之句，是赞美兰只有一花开在梗端，形似兀然开眺的亭阁；而蕙花数朵开在梗上，像一层层错落有致的楼台。见《群芳谱》。

相蕙十则

叶阔梗粗（阔而不厚，粗而不圆），花开欹[1]侧（谓拗捰）；趑趄庸夫[2]，胸无点墨。

注释

[1] 欹（qī）侧　倾斜，不平整。
[2] 庸夫　庸俗的粗人，文中形容花虽多，但品不高。

今译

叶阔、花梗粗的蕙花，三萼、二瓣都不会平整，如一群愚昧无知、没有什么修养的平庸之辈。

茎细叶厚（厚而阔者），神完气足；正士端人[1]，内美敛束[2]（如此者，可望好花）。

注释

[1] 正士端人　又指品行端正的读书人。
[2] 内美敛束　敛（liǎn）：收起；束：控制。形容好花如人一样有一种内在的美感。

【今译】

花梗细，叶质厚的蕙花，外貌神采奕奕，内蕴秀美动人，如品行端正、学识渊博、有修养的读书人。

三

叶厚棱棱[1]，蕊生圆正；道义自肥[2]，不失其性。

（凡相花者不可执其意见，宜以大势观之）

【注释】

[1] 叶厚棱棱　叶质厚，叶沟凹深，形呈棱角。

[2] 道义自肥　（符合）道德义理（的规范），自然就会心安体胖。比喻蕙花具备了良好的条件和外相，自然会开出好花来。韩愈《送区弘南归》：嗟我道不能自肥，子虽勤苦终何希。

【今译】

叶质厚，叶沟深，花苞大而圆正，自身具备着好花的特征，不失上品的秉性。

四

飘飘欲仙[1]，气象万千；伯乐相马，以神寓焉[2]。

（素花当作如是观）

[1] 飘飘欲仙　形容兰蕙花姿飘逸，气度不凡。

[2] 以神寓焉　蕴含着优美的神韵。

今译

蕙兰花苞，初看虽好，可这并不可靠。犹如伯乐识马，要看它的神韵，是否深奥莫测、越看越好。

五

树蕙百亩，虽多勿弃；欲拔其尤[1]，惟聚于类[2]。

（蕙无外相者，惟在多中拣取，方能开出好花）

注释

[1] 欲拔其尤　拔：选拔，挑选；尤：突出，优异。

[2] 惟聚于类　聚：集结；类：种类。

今译

蕙草集多了，切莫随便抛弃，须知优异的品种，都是从多数中精选而得到的。

相士为难[1]，看花亦然；毋忽于近，舍旃舍旃[2]。

（不可以其无外相而忽之）

注释

[1] **相士为难** 相：观察，了解，选拔。意谓选拔优秀人才之不易。

[2] **舍旃** 词出《诗经》之《采苓》"……舍旃舍旃，苟亦无然。人之为言，胡得焉？"意为"不要轻信他人言语"。旃（zhān），助词，相当于"之焉"合声。

今译

选拔优秀人才，须经详细考察，挑选上品蕙花，道理也是这样。对那些外相特征不明显的花苞，仔细察看，不要轻信他人言语！

濯濯[1]芳姿，不假外眩[2]；庸人自扰，谁识真面。

（此言识者不易）

注释

[1] **濯濯** 清新，明净。

[2] **不假外眩** 假：借着；外眩：迷惑。

新鲜明净的花苞，没有诱人的外观，可知好花也会逗人，它不露声色地困扰着吵吵嚷嚷没有眼力的人们，在这种关键时刻，要看谁独有识别的眼力。

八

外观有耀，若崩厥角[1]；接其倾吐，爽然眸眊[2]。

（凡种花者皆然）

注释

[1] 若崩厥角　叩头之声如山崩一样。形容十分恭敬的样子。语见《孟子》："王曰：'无畏，宁尔也，非敌百姓也。'若崩厥角稽首。"意谓外形可见许多类似好花的迹象，十分倾倒，分外欢喜。

[2] 爽然眸眊　爽然：惘然无主见；眸：泛指眼睛；眊：视力昏花。

今译

有的蕙兰花苞，在外观上会有类似好花的形态，令人恭敬欢喜，迎请回家，精心养护。盼到它姗姗吐芳，结果大失所望。心里一片茫然，怀疑是自己的眼睛昏花，出了问题。

九

一干一花，幽芳绝俗[1]；蕙亦称兰，不辨菽[2]栗。

（称蕙不可加以兰字，今俗多称蕙兰）

注释

[1] **幽芳绝俗**　幽芳：清香幽远；绝：没有；俗：庸俗。
[2] **菽**　豆子。

今译

　　兰，一枝梗上一朵花，清香高雅。它与蕙不同，若在蕙后加个"兰"字，这不就成了豆麦不分的糊涂之说吗?

十

　　一干数花，蕙言为汇；不列[1]六经[2]，惟兰可贵。
　　（蕙字"六经"无出，而称蕙必先兰）

注释

[1] **列**　编入。
[2] **六经**　六部儒家经典，即《诗经》、《尚书》、《礼记》、《周易》、《春秋》、《乐经》。

今译

　　蕙可称作是"汇"，因它在一梗上有数花汇集。"六经"只列有兰，却是无蕙。这足可见兰的身价可贵！

衣　壳[1]

兰壳贵薄，蕙壳贵厚，总须细腻为主。

壳色须润泽而光明，谓之"有水色"。

蕙壳须紧包而阔厚，俗名"元宝衣壳"，象形也。

壳尖起兜、起棱者，花瓣必厚。

小衣壳亦须阔厚而大，不起尖者可开水仙。

小衣壳有深细绉纹者，花瓣开后能放阔。

一云花瓣上有细绉纹，花开必厚而阔。

注释

[1] 衣壳　又名包壳，包衣。

今译

　　春兰的衣壳（衣壳就是花苞的鞘，俗称包衣或包壳）要薄，蕙兰不论大衣壳或小衣壳都要厚。但质感须细腻，才能出好花。

　　亮处看，壳色润泽有彩，有许多反光小亮点，俗称"有水色"，是好花之征兆。

　　上品蕙兰之衣壳，如笋壳层层紧裹，色鲜而质厚，俗称"元宝衣壳"，是以形象作比。

　　不论兰与蕙，花苞顶上的衣壳如果是有兜有棱的，其花瓣定然厚。

　　包裹蕙兰各小花蕊的那张衣壳，称"小衣壳"，形须阔而大，质须厚，能出好花。如果小衣壳头不尖的，定出水仙瓣花品。

　　蕙兰每张小衣壳上，如见有深而细的皱纹，花开后，花瓣还会再渐渐放宽。

壳　色

　　兰素心者软绿壳，又白壳、硬绿壳、绿脱壳（壳尖有绿色者）、赤壳[1]，俱能出素花。

今译

　　春兰的花苞壳色大致有软绿壳、白壳、硬绿壳、绿箨壳、赤壳。（按：在这些壳中，都会出素心花，但总以软绿壳者为多。）

蕙 壳

　　蕙出素花亦不论壳色，惟深绿者居多。

　　深绿、淡绿、白壳、竹叶青、竹根青、荷花色、赤壳、深紫壳、大银红、白赤壳、绿赤壳、赤转绿壳、白转绿壳、淡青壳、粉青。

今译

　　不论何种壳色，都可能出素心花，但总以深绿壳出素心花为多。

　　蕙兰的花苞壳色非常丰富，有深绿壳、淡绿壳、白壳、竹叶青壳、竹根青壳、荷花色壳、赤壳、深紫小壳、大银红壳、白赤壳、绿赤壳、淡青壳、粉青壳、白转绿壳等。

花色[1]

深绿、淡绿、淡黄、玉瓣（白如银者）、蜡瓣（黄如蜡者）。有如金色者、有如朱砂红者（以上二种未见，姑存之以备参考）。

注释

[1] 花色　指外三瓣（花萼）的颜色。

今译

春兰、蕙兰的花，色彩亦多，有深绿瓣、淡绿瓣、淡黄瓣、玉瓣（银白）、蜡瓣（黄亮如蜂蜡）等。另有金黄色瓣及朱砂红瓣两种，只是笔者所闻，并未曾相见，记在这里，待日后考察之。

捧心[1]

以软者为上，俗名观音兜、鸡豆壳，象形也。俱指软捧心而言。

注释

[1] 捧心　指内二瓣（花瓣）。

今译

兰蕙之花的中宫二瓣，俗称为"捧兜"，根据顶端雄性化强弱程度，有软兜、半硬兜和硬兜之分。以雄性化偏弱、互相间不粘连的软捧为最佳。如观音兜、鸡豆壳等，都是以物象作比喻的说法。

舌 [1]

以圆大者为上。蕙花舌须沙绿底版，舌上沙厚而亮，舌须阔大，厚而不甚卷者良。

注释

[1] 舌 指唇瓣。

今译

兰蕙中宫的唇瓣，俗称"舌"，以形圆而大、厚短而端部不卷的为佳（兰如大圆舌、大铺舌，蕙如大圆舌、执圭舌等）。其中蕙花舌上之沙绿底，其沙厚、能看到无数细亮小点的是佳品。

叶

须阔厚、起沟到梢，叶尖转阔有兜者为上；叶色宜翠而有神；铁线叶细而起沟到尖，叶厚索索有声者佳。叶厚而软者亦出好花。蕙叶出山即短阔者，花亦如此。

今译

兰蕙的叶要厚，并有深凹的叶沟直通到叶尖，或叶子下部窄，渐往上叶尖却反而放宽且起兜如勺的，同时叶色要青绿而富有神采，则佳叶可出好花。形细而质厚硬的"铁线叶"，叶沟须深而到尖，犹如索索有声的铁丝那样，花必佳。叶虽软，但质厚的苗株，也能出好花。

叶形本就短阔的下山之矮草蕙，其花必也有瓣形短阔的特点。

根

须白色，谓之出山根，粗细须与叶称。根白者俗谓之"玉根"，根黑者窖花也，隔年取置窖中，交春装篓卖之，亦有好花，惜此根最难复尔。

兰蕙之根色，以白为佳，根端具有透明感（水晶头）俗称"出山根""玉根"，是生长健壮的特征。根的粗与细，须与叶形相称才好。若遇根色发黑的兰蕙苗株，则是花窖花。秋时，它们由山间被采后卖到花窖，兰贩用加温方法催出花后，在来年早春，再装篓卖往各地。兰人买回经过选择，难得也能遇到好花，可惜这种草因根已坏死，实在难以成活、复壮！

花 梗

兰蕙梗细，则好花而有态度。蕙梗稍粗不妨，若太粗则无好花，瓣虽阔而必薄。

凡有外相[1]者，如衣壳极佳、根叶并美之类，至开花变坏者极多，不变者十不居一；无外相者花开出色，百不居一。其出色处胜于寻常，如人不可以貌取，亦衣锦尚绸[2]之意也。

有新花不佳，复出远胜者，由捧心好、舌头大故也。

花蕊以短而圆绽为上，平顶者，所开不过超瓣。若荷花，则蕊头尖圆，瓣尖内折选三四层，逐渐舒放。

凡细花[3]不多，每剪不过五六朵，多至八九朵。若团瓣及小花头，亦有十四五朵者。

花蕊初出土，有尖细硬壳对抱，谓之"鸡嘴"；逐层总包细蕊者，谓之"大衣壳"；鳞次含盖细蕊者，谓之"小衣壳"；细蕊渐透，谓之"出壳"。

蕙干挺足、花蕊离干，累如贯珠，谓之"排铃"；短干横出、花心向外，谓之"转柁"；干上细茎，谓之"簪"、又谓"短脚"；簪底一点如露，谓之"膏"。大瓣交搭、下露舌根、旁露捧心处，谓之"凤眼"。花背边瓣谓之"上搭"[4]，花胸边瓣谓之"下搭"[5]。上搭深，则花瓣必阔而有兜，且开不落肩，亦名"前后搭"。大瓣谓之"外三瓣"，小瓣谓之"捧心"；捧心中间谓之"鼻"；鼻下谓之"舌"。

花须迎面，朵朵俱向阳向上者为妙。凡入品花俱如此。

蕙花旁瓣包正瓣[6]、兰花正瓣盖旁瓣[7]，此大概也。若能反是，则开好花。

花瓣厚则有神，花色嫩则有态。凡复花，必须爱护其叶，叶好则花之精采益见。

大概兰蕙花瓣，俱须短阔。兰之花头，略小不妨。蕙则必须肥大，方有拔俗超群之意。兰蕙叶复出者较短，至于年后培养得法，雄壮如旧，谓之"还山叶"。

蕙花长阔叶，发箭宜高，方能相称。其茎更要挺直，总须以花镇叶[8]，不可以叶凌花[9]。

兰如绰约[10]好女，静秀宜人；蕙如端庄[11]年少，束带立朝[12]。兰以幽胜，有雅人名士之风；蕙以兴名，得蹩躞[13]豪华之概。

鸡嘴

花蕊初出土，有背尖细硬壳对抱，谓之鸡嘴

捧心
舌根
鳳眼

大瓣交搭，下露舌根，两旁露捧心处，谓之凤眼

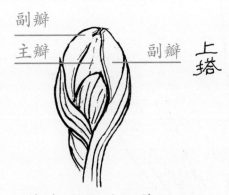

副瓣
主瓣
副瓣
上塔

花背边瓣（侧萼瓣之正面，压住主萼瓣之背面）谓之"上搭"

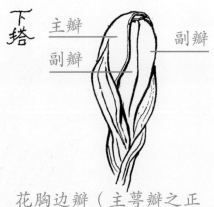

下塔
主瓣
副瓣
副瓣

花胸边瓣（主萼瓣之正面压住侧萼瓣之背面）谓之"下搭"

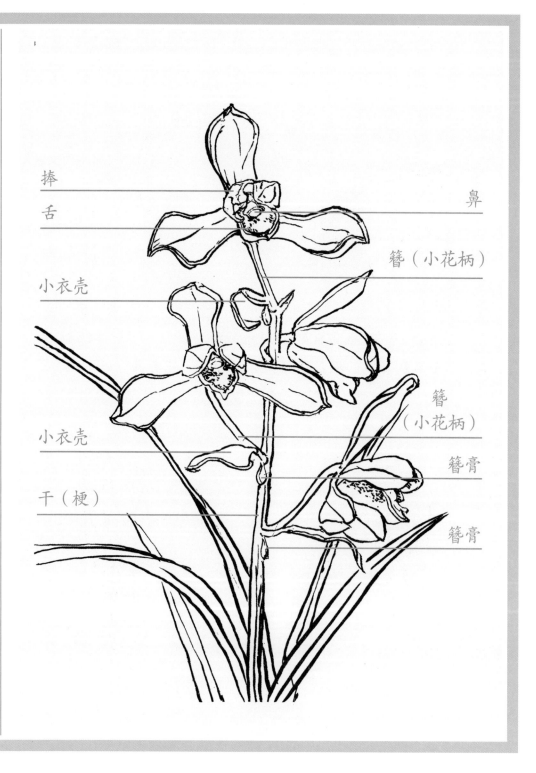

捧

舌

小衣壳

小衣壳

干（梗）

鼻

簬（小花柄）

簬
（小花柄）

簬膏

簬膏

第一香笔记

一〇四

蕙无映腮、桃腮二种，惟刺毛素有之，舌无红点、带黄绿色。

蕙花小壳尖起细钩者，亦开水仙，壳色有竹叶青，绿带青色是也；竹根青，绿带黄色是也。

或云“蕙花不论肩侧”，试看花开肩落，有何意味？故凡有品之花，无不两肩倜傥[14]。

市花者，逢花开抝捩，用手屈之，使花瓣熨贴[15]，谓之“动手”。若出色花，舒放自如，不假矫揉。至于瓣薄者，虽时加屈抑，曾不须臾[16]，故态复萌。故花须瓣厚为贵。

刺毛素复出间有净者，亦有素花复出映腮者，故新花不足凭，必俟复出方准。

建花谱云：“干虽高而实瘦，叶虽劲而实柔”。二语得其三昧[17]，可云精于鉴赏者矣！推之兰蕙，亦复如是。花有神，以静而存；花有态，惟和为贵。花有气象，磊落、峥嵘是尚[18]，此得之相外者也。

山塘朱公盛，开设花行数十年，伊子觐光[19]冠群昆季[20]，能世其业，辨论花之容质[21]，颇能委曲详明[22]、见闻熟习，可云善别花相者矣。

[1] **外相** 兰蕙在株形、叶形、芽形、苞形、壳色等方面有较为明显的外貌特征。

[2] **衣锦尚䌹（jiǒng）** 语出《中庸》，诗曰："衣锦尚䌹，恶其文之著也。"衣锦：锦绣衣服；尚：加上；䌹：麻纱单衣。意谓里边穿绸缎衣，外罩粗麻单衫，意喻不炫耀于人。由此喻兰的花苞，有缺少佳花之外相而出佳花的。

[3] **细花** 上品的花；有瓣形具正格的花。

[4] **上搭** 兰花未开前，主萼背被侧萼抱搭的形象。

[5] **下搭** 兰花未开前，主萼面盖搭侧萼背的形象。

[6] **旁瓣包正瓣** 侧萼瓣包主萼瓣。

[7] **正瓣包旁瓣** 主萼瓣包侧萼瓣。

[8] **花镇叶** 镇：抑制。形容花梗高度抑制叶面。

[9] **叶凌花** 凌：逾越。形容叶面高度超过花梗。

[10] **绰约** 形容姿态柔美。

[11] **端庄** 形容神情、举止端正庄重。

[12] **束带立朝** 束带：穿着朝服，挂着腰带；立朝：在金銮殿中上朝。即言气势庄重竣严。

[13] **躞蹀（xièdié）** 小步缓行的样子。

[14] **倜傥** 风流、无拘束。

[15] **熨贴** 言使花瓣平整。

[16] **须臾** 指时间短暂，一会儿，不多久。

[17] **三昧（mèi）** 佛教语，梵文音译，意为"正定"。借指事务的要领、真谛。

[18] **磊落、峥嵘是尚** 磊落：壮伟、俊伟的样子。峥嵘：气势高峻；尚：尊崇、注重。

[19] **觐光** 人名。即花店老板朱公盛的儿子朱觐光。

[20] **冠群昆季** 冠群：位居第一；昆季：弟兄。指朋友中名气很大。

[21] **辨论花之容质** 鉴别花品。

[22] 委曲详明　委曲：事物的底细和原委；详明：详细明了。言所掌握的兰蕙知识丰富。

今译

　　花干又叫花梗或茎，形态以细长为美，感觉上才会有精神饱满的气度和挺拔俊秀的神韵。蕙梗稍粗亦可，如果太粗，就不会有好花，这样的植株即使花是阔瓣的，但它们的瓣质必定薄。

　　有的花，花苞虽有好的外形特征，例如壳形、壳色，以致根、叶形都极美，似乎很符合好花的要求。但至花开出，变差的几率显得极高，能不变的十中难得有一。而没有开好花的外貌特征却能开出好花的，那更是一百棵中难有一棵。这些没有开好花外相特征却能开好花的植株当中的出色者，所开之花更胜于寻常，就像人不可貌相一样，外表虽不炫耀，里子却暗藏宝！

　　有的花出山时开品并不好，但复花的开品大大要好过刚出山时，原因是二花瓣（捧心）形好、唇瓣（舌）形大，所以才会出现这种情况。

　　花苞形状以短圆而顶上微裂的为好。苞顶平的，所开的花仅仅只是无瓣形的大花罢了。如果是荷瓣花，苞形一定是圆正的，花萼（三瓣）尖端，可见内褶二三层，然后慢慢开放的特征。

　　蕙花优秀品种（细花），每莛着花不多，通常仅5～6朵，多的也不过8～9朵。如果是没有收根放角的圆大花团瓣，也有开十四五朵的。

　　花苞刚出土时，有尖细硬壳相对抱的，因形似"鸡嘴"而称名。蕙花逐层包裹住所有小花的苞壳，称为"大衣壳"。如鱼鳞状一片片包住小花苞的壳，称为"小衣壳"。小花苞逐渐发育，透出大衣壳的现象称为"出壳"。

　　蕙花的花梗长高以后，原来贴着花梗的朵朵小花苞逐渐发育而离开花梗，像一串上下连贯的珍珠，此状称为"排铃"。短干又称为"簪"，也叫做"短脚"，它们有序地横向前后左右四方、花苞尖向外，此状称为"转柁"。每簪与花梗交接处，挂有如露水一点，称为"膏"，也称"明露"。萼瓣尖部交搭、露出唇瓣基部和二花瓣的，称为"凤眼"。侧萼搭主萼的，称为"上搭"；

主萼搭侧萼的，称为"下搭"。上搭的弯度大，三萼必定阔而有兜，而且不会落肩，又称"前后搭"。花萼称为"大瓣""外三瓣"；花瓣称为"小瓣"或"捧心"；中间的蕊柱称为"鼻"；唇瓣称为"舌"。

花朵以迎面开放或向上开放为好，所有入品的花，都必须有这个基本条件。

蕙兰花苞未开前，侧萼包主萼，春兰花苞未开前，主萼包侧萼。这是它们中绝大多数的花形特征，是极为一般花品。但如果它们能相反而生，那一定会是好花。

质地厚的花瓣（注：此言花萼），花开感觉有神；花色嫩的花瓣，花开姿色柔美。对所有栽培中的兰蕙苗株，须爱护其每一片叶，因为完美的叶，更能衬托出花的神采。

笼统地说，不论是兰是蕙，它们的萼瓣都必须要求短阔。兰的花苞形稍小无妨，蕙的每花萼瓣，必须要肥大，这样才有挺拔超群的气魄。兰蕙的复花之叶，会比下山时短，经数年精心培养，可以雄壮得像先前长在山上时一样，这称为"还山叶"。

长阔叶子的蕙兰，必须是高而挺直的花梗，这样花与叶相互间在视觉上才显得协调相称。花梗要挺直，以能高过叶面的为好，有壮志凌云的气概；低于叶面的矮梗花，好似受着叶的抑制。

兰好似姿态柔美的少女，文静秀雅，适合人们的心意。蕙好似神情庄重的英俊少年，衣冠楚楚地系着束带，站在大殿里上朝。兰以其幽胜，有雅人名士之风范；而蕙以其名，有卓越豪放的气概。

蕙花之舌没有"映腮""桃腮"这两种特征，只有"刺毛素"，就是舌上没有红点而带有黄绿色者。

蕙花小壳尖有弯勾的也属于水仙瓣。它的壳色有绿带青色的"竹叶青"和绿带黄色的"竹根青"。

有人说"蕙花是不论两肩平或落的"。请你试看落肩花的开品，有什么样的观感？所以凡是有品的花，两边侧萼没有不是平肩、具风流大方形象的。

有的花贩，见开出之花三萼高低不平，便用手轻轻地夹平、矫正，称为

"动手"。如果是真正出众的好花，那定然舒放自如，不需人工矫揉造作。至于瓣质薄的，即使人工进行过矫正，但过不了多久又会老样子，所以花总应以瓣萼质厚的为贵。

在复出的刺毛素花中，有纯净的素花，也有原是素心的花品，在复花时变成"映腮"的。所以新花的面目，不足以为凭，必须要以复花的面貌为准。

建花谱中说："干虽高，而实瘦（释：表面看花干好似高大健壮，实质上却是表露出瘦弱的花体），叶虽劲而实柔（释：表面看叶厚硬刚劲，却暴露出柔软的本质）。"两语得'三昧'（释：上述两话，深刻说出了事物的本质）。能说这些话的人，必定是精于鉴赏的人。把这话用到兰蕙中也是一样。花的神韵，在幽静中得到感受；花的仪态，在融洽中得到体现。花有磊落、峥嵘的精神内涵。这一切都会从它们的外貌特征中体现出来。

有位叫朱公盛的人，在苏州的山塘开设花行，已有数十年之久。朱的儿子朱觐光，继承父业，对兰花方面见多识广，看花辨品的能力极强，他在本地兰友中享有盛名，能根据花容花质，对花作出详细又正确的分析和评定，可说是位善于鉴别花品的好手。

培 养

(一)

艺花之法，全在培养得宜，今旁搜博采，其说纷纭[1]，惟愿惜花人以活法参之[2]，随时珍爱，庶不令好花失所耳[3]。

栽种须用干、细子游泥，根与盆口平，上盖细泥高出盆口二三寸[4]，取其沥水。栽时须将根下泥细细筑实，不可使有空隙处。如一根不着泥，久即蒸烂，余根受伤。又不可任意屈伸，致根气郁遏不舒[5]。

栽时剪去烂根净尽，活根长者并去其半，用清水洗净沙泥。俟根上水迹干透，然后入盆，则土气易得，新根易生，翻种时亦然。盆底用圆囵新瓦，敲如盆底大小，下衬碎瓦一二层。如花瘦，瓦上先铺粗块酒坛泥寸许，但须隔年陈久者佳。一云用肥田内翻种之泥。种后略停片时，使干泥与根胶贴，然后印水[6]。

初次印水，须从盆面轻轻洒匀，逐渐印下，约上半盆湿透为度，隔半时再印数次，则全盆俱受水矣。有将盆置水中，俟盆面泥湿，然后取出者，恐太湿伤根，非良法也。

凡新花初上盆，印水已透，用栈条圈之[7]，上覆草盖至六七日，天暖无风，方可取出。如遇大风及天冷，宜常圈盖。否则衣壳干枯，花必悭缩[8]。

蕙喜干燥而向阳，兰喜干润而向阴。故浇灌时须视盆面土已燥烈，方可于沿盆徐徐浇水，如大盆，碗许；小盆，一小盏足矣。

自交九月下旬，须渐移向屋内。十月下旬，不可印水，如燥极，略润水气。交立春后，方浇水少许。正月后，亦须渐移向外，如正月天气寒冷，仍置屋内，不可出露[9]。若二月下旬天气晴和，间一二日出露，且可使受时雨。新花如此，复花亦然。

九、十月，宜移向阳处频晒之，正、二月亦然。夜置屋内，严寒紧闭花房，不可透风。

人谓："花在山中，焉能如此？"因有任其日晒雨零，不加培植，致数年无花，叶渐凋败者。不知花之在山在盆，如人有膏粱藜藿之不同[10]。试思藜藿之人，何曾摄养[11]！若令膏粱而作藜藿之事，鲜有不致困惫[12]者矣。

注释

[1] **旁搜博采，其说纷纭**　旁搜：到处搜集；博采：广泛采集；其说纷纭：所说看法不一。

[2] **惟愿惜花人以活法参之**　惟愿：一心希望；惜花人：珍爱兰花者；活法参之：灵活地加以参考和采纳。

[3] **庶不令好花失所耳**　庶：但愿、希望；令：让；失所：失去安身之处。

[4] **高出盆口二三寸**　据中国历史博物馆收藏的清朝牙雕裁衣尺长35.55厘米，正面等分10寸，故二三寸大约7-10厘米。古代大都用大盆植兰，盆径30厘米中间堆高7.5厘米，其斜度大约小于30度。

[5] **郁遏不舒**　郁：忧愁烦闷；不舒：受伤害。喻根在泥中闭气不舒服。

[6] **印水**　缓慢浇水。

[7] **用栈条圈之**　栈条：用竹木劈成的条子；圈：围起来。即用栅栏围起。

[8] **衣壳干枯，花必悭缩**　衣壳：兰蕙花苞的俗称；悭（qiān）缩：因所含水分减少，致使形状变小，俗称缩水。

[9] **出露** 暴露室外。

[10] **膏粱藜藿之不同** 膏粱：肥肉和细粮，借指富家子弟；藜藿：粗劣的饭菜，借指贫贱之人。言人的生活有吃得好（优裕）和吃得差（困苦）的区别。

[11] **摄养** 摄：摄取；养：滋补。

[12] **不致困惫** 不致：没有达到；困惫：困倦疲惫。

今译

艺兰水平的高下，完全体现在栽培方法是否合理得当，通过采访，在广泛搜集到的资料里，存在着看法不一致的情况。因此书中所述内容，只能作为参考，希望爱兰的朋友，能灵活采纳和应用，以免因差错而失去好花！

栽种兰蕙时，须用干而细的子游泥为植料，使根的基部与盆口相互齐而平，然后加上细土，使泥面高出盆口二至三寸（约三指或四指合并之高度），以增强盆土的排水性，可不致湮水。栽种时轻摇轻拍盆子，使泥与根能密切结合，不能留有空隙，如果有一条根悬空不着泥，日后这条根必闷郁而烂成空壳，还会伤及到周围其他的根。也不可任意弯曲它们的根，造成兰根受郁，伸展不畅。

栽植（上盆）时先要剪去烂根，仅需留下活根，过长的可剪去一半。再用清水洗净粘在根上的泥沙，并晾至根上的水迹干透再入盆栽种。这样苗株能较迅速得到土中的养水分，就容易服盆，并可早发新根。翻盆也是这样，先以整张新瓦敲打成如盆底大小的一块盖在排水孔上，再铺上一二层碎瓦粒作排水层。如植株瘦弱，可在碎瓦粒上先铺上陈年的酒坛泥一寸左右（有人说用田中肥泥也行）。然后再用好的干泥来种。种后要略停一会，使根和干泥能紧密结合一起，然后再浇水。

上好盆第一次浇水，要从盆面轻轻匀洒，使水慢慢渗下，以半盆湿透为度。过半小时后再浇数次，使盆泥均匀湿透。也有把盆"坐"在水中，使水由盆底进入，湿透盆泥后取出，但这样做怕由于太湿会伤根，总不是个好方法。

凡是刚上盆的落山新花，浇透水后，要把它们放进用竹木条围成的圈内，上面搭好棚，再盖上草六至七天，等到天气和暖无风时，才可以搬出来。如果遇天冷或有大风，最好还是搬进圈内盖草防寒。要不然花受冻，致花苞失水，鞘壳干萎。

蕙喜偏干和向阳，兰喜干润和向阴。所以在浇水前，必须先要检查盆土是否已经干燥得厉害。水要沿着盆边缓缓浇，大盆一碗多点，小盆一小盏（小碗）就够。

接近农历九月下旬时，盆兰须逐渐搬进室内。到十月下旬时，就不可浇水，如果盆土极干时，只能极少量浇水。直到来年立春后，才可以少量浇水。新年正月过后，盆兰可逐渐向户外搬移；正月里，如果天气变冷，盆兰仍须放置室内，不可搬出外露；到了二月下旬，如果天气晴暖，可间隔一二天搬出室外一次，以接受新露、新雨。不论新花、老花，同样依此对待。

农历九月至十月里，盆兰应搬到向阳处，多晒太阳；正月二月里都还是这样做，但夜晚要搬进花房内，天气严寒时要紧关门窗，避免冷风入侵。

有人说："花在山中不加栽培，怎么能生长得如此之好？"为此，有人就任让兰蕙日晒雨淋，不去用心培护，结果造成好几年都不再起花，叶株也慢慢凋萎衰败了。他并不知道一个是长在山上，一个是生在盆中，就像有吃美食的和吃粗菜的不同之人。试想那些吃粗食的人，什么时候摄取过营养食物？但如果让这些吃美食的人，去干吃粗食者的活儿，从来没有听说过他们会感到不困倦不疲惫的。

（二）

常熟法，每年用子游坟[1]翻种，不须下肥。若不能如其法，有花叶无神，不能透发者[2]，须用肥土法。其法不一，或用豆荚壳水，或用"百草汁"，或用鸡毛水，或用鹿粪浸水，俱须于六七月内，盆土干透时。约有阵雨将至，用肥水满盆浇灌，俟大雨淋灌透足[3]。如阵雨不透，须用喷筒将积久雨水灌透，使肥气向下，方无壅滞伤根[4]之患。

或云：于夏秋，将河水浇灌，可以代肥土法。前用肥水，豆荚味涩，百草味酸，鸡毛气腥，恐引虫蚁。鹿粪即百草之意，用之亦不甚发。惟鸡毛须隔年冬月浸至五六月，清澈绝无腥气，方可用之。

摩诘[5]种兰蕙用黄磁斗，养以绮石[6]。夫砂盆固佳，若用石，恐压遏其根，必得大盆，先将石叠好，然后加土栽种。布置疏密，高下得势，足供清赏。

兴兰即蕙草也，又名九节兰，其叶长杭兰大半，种之得宜，来年愈盛。拣大窠得气者，将根洗净、剪去一半，盆下细砂，上用松土，无不花者[7]。《花史》

栽兰用泥，不拘大要[8]，先于梅雨后，取沟内肥泥，曝干、罗细备用。或取山上有火烧处，水冲浮泥，寻蕨菜待枯，以前泥薄覆草上，再铺草、再加泥，如此三四层以火烧之，粪浇入，干则再加再浇数次，待干取用[9]。《群芳谱》

一云：将山土用水和匀，搏茶瓯[10]大，煅红。火煅者，恐蚁蚓伤根也。锤碎拌鸡粪待用。如此蓄土，何患花之不茂。（《群芳谱》，同上则，俱主建花说）

杭兰，惟杭城有之，花如建兰，香甚，一枝一花，叶较建兰稍阔，有紫花黄心，色若胭脂；白花紫心，白若羊脂。花甚可爱，取大本、根内无"竹钉"者，取横山黄土，拣去石块种之。见天不见日，浇以羊鹿粪水，花叶茂盛。鸡毛、鹅毛水亦可，若浇灌得宜，来年花发，其香胜新栽者远甚[11]。一说：用水浮炭种之，上盖青苔，花茂；频洒水，花香。《群芳谱》

《花史》云：杭人取堆混堂促开，故花不香。

新兰于正月内上盆，培养得法，立夏后子叶即可出土。

虞山子游坟，其土松润，故兰蕙宜之，然须取其浮面二三寸草根所着之土，方有肥气。若深至五六寸、尺许者，不堪用也。其色紫黑，筛去砂石，每年翻种一次，总能有花。但要临时取用，方得地气，久则土膏干竭，不能有力。

兰于春分后翻种，蕙于春分[12]前翻种。自然长茂，不必下肥。海虞种花家，因此居奇，养花易发，别无秘妙。

至其分卖与人，则用粪浸其根，或临时用粪水浇之，使花受病。当时不见其害，至一年后，无不萎绝。缘细花不肯传种，亦由心术之坏也。

凡兰蕙复蕊出土，用箬叶作圈，随蕊之长短罩之，亦常熟法。云防护衣壳，不使稍有损坏，罩之且避鼠伤。

嘉兴养花于空地，上用浮土一二尺许，土之厚薄，视盆之大小；下衬新瓦四张，俟花落后，将盆埋入，土与口平。夏秋用芦帘以御烈日、暴雨，交冬不印水。周围用砖逐渐砌高，天冷封顶。严寒用干土，将四围顶上拥遍，踏结作一大土堆，上仍覆盖，不令着雨雪。交春则渐去土砖，既得地气不受冰冻，且花叶鲜嫩，无纤毫伤坏。但每年须用此法，方能长茂。若忽照常法养之，不但不发花，且易于萎耳。

一说：埋盆不用浮土，平地将盆埋入，四旁开沟泻水亦可。

注释

[1] **子游坟** 子游（公园前506—?），春秋时吴国人，言氏，名偃。孔子学生。擅长文学。曾为武城宰，提倡以礼乐为教。他的坟墓在江苏虞山。人们称他坟边之泥为子游泥或虞山泥。

[2] **花叶无神，不能透发** 神：神气；透发：生发新芽新草。犹言兰蕙生长不良、缺少神采。

[3] **俟大雨淋濯透足** 俟：等到；淋濯：浇洗。等到大雨时将兰花充分浇透。

[4] **壅滞伤根** 壅滞：积水堵塞；伤根：造成烂根。

[5] **摩诘** 王维（701—761年），唐代诗人、画家，字摩诘，山西祁县人，开元进士，累官给事中，后官至右丞，晚年居蓝田辋川，过着亦隐亦官的优游生活，宣扬隐士生活和佛教禅理。

[6] **用黄磁斗，养以绮石** 黄磁斗：黄砂陶泥盆；绮石：带花纹的轻质小石头（即水浮石）。

[7] **无不花者** 没有不会开花的。

[8] **不拘大要** 不拘：不拘泥，不固守；大要：主旨，概要。

[9] **或取……待干后取用** 此法似今人所称的"焦泥灰"制法。

[10] **搏茶瓯** 拍击（湿泥）（做成）杯碗状的陶器。搏：轻击、拍击；《周礼·考工记序》"搏埴之工二" 郑玄 注"搏之言拍也；埴，黏土也"。茶瓯：泛指杯碗状的陶器。

[11] **其香胜新栽者远甚**：胜：超过；远：形容差距大；甚：很。

[12] **春分** 二十四节气之一，公历大约3月20日左右。

常熟人栽兰或翻盆，常年用有肥性的子游泥，这样可免施肥。如条件不许，当遇到株叶缺少生气和新芽不长时，就须采用肥土。使用肥土的方法很多，可用豆壳水、百草汁水、鸡毛水和鹿粪水（按：须充分发酵腐熟）。方法是在农历六七月间，让盆土干透，观察到将有阵雨来临的前夕，用肥水满盆浇灌兰株，然后让大雨淋透，如阵雨小没能淋透盆泥，那就要采用人工喷灌方法。取缸里积贮之雨水淋透，使肥性在土中扩散，以避免肥水淤积不匀，伤及根系。

有人说，在夏秋期间可用河水浇兰，可起到施肥的作用。他们认为上面介绍的肥料不理想，豆壳水性涩、百草汁性酸、鸡毛水性腥，都极易引来蚂蚁等害虫。鹿粪水其实就是百草汁，用了效果也不甚明显。只有去年冬时所浸的鸡毛水，来年再经半年以上时间的发酵，变成清澈无腥的鸡毛水后，取出后加清水稀释，方可使用。

王维介绍种兰蕙用黄砂盆最好，上面放些美丽的小石头。砂盆的确好，但上面压石头恐会遏制发根，必须用大盆并先叠好石头，然后加土再种，这样看去既美观又合适。

兴兰就是寻常所说的蕙，又叫九节兰，它的叶子长度比春兰的二倍还多，如果养护得好，第二年将会更加繁茂。挑选大株壮草，可将根清洗后，剪去一半。（按：蕙兰芦头小，体内大部分营养存聚于根，剪去一半吗？岂非可惜！白根不可剪，慎之。）盆的下层垫砂粒、上面用松土，这样种必然起发，没有不开化的。见《花史》。

栽兰用泥土，没有太多限制，可在梅雨前，取沟内肥泥，晒干、筛细，备用。（按：现今沟中肥泥，含有碱、油脂、酸、酚、盐等，化学成分复杂，不宜植兰。）或者到山上寻找可生火的空地，取流水冲积的泥土成堆，把搜集到枯黄的"狼鸡草"（蕨类植物之叶）作垫底物，然后将冲积泥盖上，再一层草，又一层泥，这样重叠三四层后点起火来焚，浇入适量粪，见泥干了，可再浇上，这样反复地多次，直到干透后备用。见《群芳谱》。

又有一种方法，用山泥加水，拌和均匀，做成如茶盏大小的泥块，再用猛火把它们烧红，冷却后敲碎，拌上鸡粪待用。这样认真用心地对待泥土，还愁花养不壮吗？见《群芳谱》。

杭兰，只杭州才有，花像建兰，非常香，一梗一花，叶比建兰稍宽，有紫花黄心、色红紫如胭脂，有白花紫心、白得像羊脂，它们都很可爱。选一块大草，剔除与根相混的竹根，再取山上已去除石块的黄土来种，种后不要马上直晒阳光，再适当浇些羊、鹿粪水，以促使花叶繁茂，如有鸡、鹅毛水也可浇用。只要水、肥用得适当，来年花就必发，香气要远超新种的。

还有一种方法，是用水浮炭（按：家庭烧柴留下的炭，质轻能浮于水面）作植料来种兰，面上盖以青苔藓，平时注意浇水，开花必香。见《群芳谱》。

下山新花如在正月里上盆的，培养得好的话，到立夏以后新芽就可以钻出土面。

虞山的子游泥，土质松而润，所以适宜栽植兰蕙。但必须取表面二三寸厚、有草根连着的土，这样的泥土才有肥力。如果是深至五六寸至近一尺的肥性低的土，那就不能用了。颜色紫黑的泥土，筛去里边混杂的砂石后可用，只要每年一次翻盆，总可以年年有花。但此泥不宜储存，以现取现用为佳，如放久了，里边的营养物质会慢慢散发殆尽。

春兰须在春分后就翻盆，蕙兰须在春分前翻种，只要适合它们的本性，自然不需施肥便能生长繁茂。这正是海虞的一些种花人以此自居的地方，其实兰蕙本就容易生发，并无什么秘诀。

至于分卖给别人的花，则用粪水浸兰根或用粪水直接浇兰根致使苗株得病萎败，而一时又不能被识破，到了一年以后，没有不枯萎的。有人之所以要这样做的目的，是出自好花不肯传人的心理，可见种兰花也有心术不正的坏人。

兰蕙花苞长出土面时，根据花苞长短可用竹箬作成一个圈罩起来，常熟人称为防护衣壳，罩起来还可防鼠咬。

嘉兴人喜爱在空地养兰。准备好一二尺高的一堆浮土，用四张新瓦垫底，待花开过后将花盆埋入土堆中，周围泥土与盆口齐平。夏秋时上遮芦帘，可防烈日暴雨。冬天不浇水，盆子周围逐渐用砖块砌高，直到天冷（用棉絮、稻草等）封顶。大寒时再用干土从顶部淋下，四周用脚踩实，上再加覆盖物，不计雨雪侵入。等到春时天气渐暖，可将覆盖物及土、砖等慢慢地撤去。这样既能使苗株得到地气，又可免受冰冻之害，而且可使叶色鲜嫩、无丝毫受损。但只有每年都这样照做，才能使兰蕙长盛不衰；如若疏忽，贪图方便，按照常法养护，不但草难壮、花难发，而且容易萎败。

另有一种做法，说盆可不埋在浮土中，而是在平地上挖个洞，把盆埋于洞中，四周开沟排水，不使水淤积就可以了。

（三）

蕙花早种[1]，则不发剪，被风、被冷亦然，花市俗谈谓之"不来"。

或云：新花初种，盆泥须湿，如太干，恐花梗瘦缩，蕊多不放。栽时根不宜深，亦不宜露，兰根上浮土一二分、蕙根上浮土四五分足矣。

一云：新花初种，盆泥须结，俟花落后，另用干细泥翻种，则须松也。

本年子叶丛生，明年不能有花，又明年则花必茂。有五六年无花、叶亦不甚发者，翻盆则茂。太肥不花者，子叶壮盛；太瘦不花者，子叶细弱。俱须翻种，种后肥者瘦之、瘦者肥之，无不花矣！

栽种之泥，必须干燥。栽兰者，须阴干后，筛去粗块；栽蕙者，晒亦不妨。筛出之粗泥、石块，即可置于盆底。至于分栽建花，又须久晒，如附录内所载可取法也。

凡兰有花瓣不净者，其法用箸作圈，将蕊围绕，旋以细干泥糁入，俟花蕊渐长，泥亦逐渐加高，至花将放时，然后去之，则花瓣之筋可灭。此系得之耳食[2]，果否？未曾试也。

建花畏蚁、畏蚓，为伤根也，兰蕙亦足为害，并宜如法除之。

凡用情于人者，人无不感而情动，至花亦然[3]，使浇灌得宜、久而弗懈，则以生以长，日就蓬勃，惟恐用情过当、或有始鲜终，则人实为之，花亦索然意尽矣。

春布和风，夏施时雨，秋滋湛露，冬被阳曦，天之培养也；朝注清泉，暮除莠草，热加荫庇，寒谨盖藏，人之培养也；右宜近林，左宜近野，前迎南向，后障北吹，地之培养也。

一云：新花本年不用浇肥、灌以雨水。夏秋间，用河水浇之足矣。倘所发子叶瘦削，次年二三月，方可浇肥。细花不发剪，由肥气胜于土气[4]。若不浇肥，总能有花。

海虞有以花为业者，舍其耕耦，专事花业。每逢佳种，不惜厚值购求[5]，培植辛勤，性命依之[6]。一俟花叶繁多，即以分卖，往往价增十倍，故有"田连阡陌，不如好花多得"之说。可见人心不古[7]，舍本逐末[8]，巧于取利，如此！

浇灌有时，夏秋必于黎明，使盆土湿透，约水气得用[9]一昼夜为度[10]；春用六七分水；冬宜干而带润，若燥极，止须以三分水气，于沿盆润之。

种须松土，取其沥水，且根气舒展，新叶易生，腻土[11]栽之，往往不发。

一云：取山黄泥烧透，磨细如粉，同砻糠灰和匀，种素花最妙。夏用豆汁浇之，又与建花同法矣。

《花历》云："凡栽种宜用六仪、母仓[12]，满、收、成、开[13]，及甲子、己卯、戊寅、己丑、辛卯、戊戌、己亥、庚子、丁未、戊申、壬子、戊午[14]等日。忌用死炁[15]、乙日[16]、建日[17]、破日[18]、火日[19]，并谨遵宪书[20]不宜栽种之日，栽兰蕙者不可不知。

凡盆花根盛则花衰。若兰蕙有长根直下者，发花亦少，宜翻盆剪去。离叶根三四寸，匀铺栗炭屑一层，然后种之。其根繁而不长，花亦能茂。

或云：栽时花根入土深者，则根长而不花。及犯应忌之日，亦不发剪，俱须择吉日翻种。

叶绿而黝者，伤于肥湿；叶黄而黯者，伤于干瘦。惟色翠有神，华然润泽，无一叶少损者，由培植之功到也。

予友花奴黄子，嗜花有癖，家植名品甚多，赏鉴特真。兹先登其辨论数条，其余当采入续编，以补记中缺略。

云：细花浇肥，常熟用粪，先须夜露月余，然后可用。宜于春秋二分前后，俟泥极干，从盆旁浇下，不可使着叶根。随即如法淋濯透足，下后须半月不令日晒，否则萎烂。

此外，用肥各法，随人活变，不可执一而论。

榴舫穆士华校对

注释

[1]　**蕙花早种**　此处指下山花。

[2]　**耳食**　喻不假思索，轻信所闻。此指传闻。

[3]　**用情于人者，人无不感而情动，至花亦然**　你对人用了真情，没有人会不被

感动的，花也是这样。

[4] **肥气胜于土气** 胜：超过。犹言土本含有肥分，如再施肥，便使盆土变得太肥。

[5] **不惜厚值购求** 厚值：指用大笔巨款。言舍得用巨款买兰花。

[6] **性命依之** 依：依靠，跟随。形容对某事或某物的看重，如自己的生命一样。

[7] **人心不古** 犹言人心已经不像古代人那么忠厚淳朴了，慨叹人心的险恶。

[8] **舍本逐末** 舍：放弃；逐：追求。《齐民要术》："舍本逐末，贤哲所非。"古以农耕为本，工商为末。意谓放弃根本的，追求枝节的。

[9] **得用** 足够供应。

[10] **一昼夜为度** 度：限量、限度。言浇水以后能保持盆土一天一夜润湿的限量。

[11] **腻土** 肥分过于高的土壤。

[12] **六仪、母仓** 黄道择吉术语，属择吉术日神类神煞，可决议一日吉凶宜忌，两者均属善者。

[13] **满、收、成、开** 在黄历日期下面标有"建、除、满、平、定、执、破、危、成、收、开、闭"12个字。以十二值位（值神）分别表示该日凶吉。满日：为圆满的含意，宜办一切喜庆之事，忌办凶事，及不吉之事；收日：为收回、收敛的含意，只宜收敛，索取，埋葬，此外诸凶事不宜；成日：意为万事成就，喜凶诸事均可办理；开日：犹开通顺利，百事可行。

[14] **甲子、己卯、戊寅、己丑、辛卯、戊戌、己亥、庚子、丁未、戊申、壬子、戊午** 农历中以干支纪日法命名的日期名称。干支纪日法是农历中使用天干地支记录日序的方法。干支是天干甲乙丙丁戊己庚辛壬癸、地支子丑寅卯辰巳午未申酉戌亥的合称。用干支相匹配的六十甲子来记录日序，从甲子开始到癸亥结束，60天为一周期，循环记录。

[15] **死炁** 炁(qì)，同气，从日中至半夜这段时间称为死炁。

[16] **乙日** 在干支纪日60天一个循环中，共有6个乙日，即乙丑、乙亥、乙酉、乙未、乙巳、乙卯。

[17] **建日** 十二值位之一。建日谓未成之初始，宜于建基立业，破土、开

斧、开光、安座，此外一切均不宜。

[18] **破日**　十二值位之一，意指破裂，犹冲破的含义，忌办一切喜凶事。

[19] **火日**　据花甲子纳音（又名六十甲子纳音）之法，六十甲子日序与五行相配，分为金日、木日、水日、火日、土日，其中火日有丙寅、丁卯、甲戌、乙亥、戊子、己丑、丙申、丁酉、甲辰、乙巳、戊午、己未。

[20] **宪书**　中国历书之古称。

今译

刚下山带蕊的蕙兰新花，不宜过早（按：指在严寒冬季）栽种。早种后果是花箭不发。即使避风、避冷也一样不发，养花人俗话称为"不来"。

有人说新花初种，盆泥须有适当的湿度，如果太干，恐花梗失水干缩，花苞缺水，大都难再开放。注意栽时根不要过深，也不可过浅。大致地说，兰根上加土厚一二分，蕙根上加土厚四五分，若能做到，已经足够。

又有人说，下山新花初种时，盆泥要求结实，待开过花后，再选疏松泥土，重新翻种。

有这样一个规律：兰蕙苗株在头一年发草多、生长旺盛的，第二年就不会发花；相反，若今年发草少，明年就会多发花。如果五六年中不见有花，叶株也发得不太好的，那必须通过翻盆才能使之繁茂。太肥不开花的，叶株必然健壮；太瘦不开花的，叶株必然细弱。都必须要通过翻盆，把太肥的土调配得瘦些，太瘦的土调配得肥性多些。这样栽种就不愁不开花了。

栽培兰蕙的泥土必须干燥。种兰的泥土需阴干，再筛去粗块；栽蕙的泥土，可在阳光下暴晒，筛出的粗泥和石块，可放在盆底。至于分栽建兰的泥，必须经过久晒，附录内所介绍的办法可取。

凡兰花瓣有不净绿的，可用下述办法。用竹箬作团将花苞围作一圈，四周留出空间，接着填入细干土，以后随着花苞长高而不断填土，待花要开放时才将箬团去掉，这样做可使花瓣无红筋。不过这种做法，仅是不假思索的所闻，效果是否好？我没有尝试过。

建兰怕蚂蚁和蚯蚓，因为它们要伤害兰根。春兰蕙兰也同样怕受害，要想法除去它们。

生活中往往这样，你对别人用了真情，别人也会以真情相报。对于花也是这样，如果浇灌适时，培护得当，持之以恒，久长不懈，花就会不断生发、壮大，日后必蓬勃兴旺。但就怕有人喜爱过头，或者有始无终。人要是如此对待，花也就冷落无生气，情意就此到头了。

春天赐予温暖的微风，夏天施舍应时的雨水，秋天润泽浓重的凉露，冬天供给和暖的阳光，这些条件，都是大自然所赋予的（按：天时）。晨起浇水，夕间除草，炎夏加阴，严冬藏护，这些都是人因爱所采取的培养措施（按：人和）。兰室宜右边近林，左边空地，前朝南阳，后挡北风，这些条件是环境所给予的（按：地利）。

有人说，下山新花当年不用施肥，只要用雨水灌浇即可。夏秋季里，改用河水来浇，已满足了它的生长要求。如果所发的新草比较瘦弱，须到来年二三月时才可以施肥。细花不孕蕊发花，多是因盆土本含丰富肥性，再施就肥力太过。如果不施肥，反倒容易起花。

海虞之地，有以兰花为业的人，他们放弃对庄稼的耕种而专事兰业。只要与兰蕙佳种相遇，就会不惜金钱去求购，把它们作为生命的依托。经辛勤培植，苗草发多、发壮之后，就一面分株，一面出卖，往往以比收进价贵上十倍的新价售出。因此就有了"拥有纵横交错的田地，还不如多得好花"的民间俗话。可见今人之心，已不像古人那么忠厚淳朴了！他们放弃根本，去追求枝节，用巧妙的手段获取财富，实质就是如此。

浇灌兰蕙，有时间的规律性和严格性。在夏秋二季，必须在黎明之时（按：日出前）浇水，使盆土充分湿透，且能保持住一昼夜时间。春天，盆土需含六七分水气，以润为佳；冬天，只需三分水气，以偏干为佳。若是盆土燥透，只用三分水气，沿盆边浇上一圈即可。

栽兰之土，必须疏松。选取排水良好、能使空气流通、利于兰蕙根系生长舒展、呼吸畅爽的土，这样新株易发易长。用过于肥沃的壤土栽培，往往使兰蕙生长不良。

又有一种说法，取山上黄泥，用火烧透以后，再磨成粉末，与砻糠灰一起拌匀，这种植料最宜种素心品种。如果夏季能浇些豆汁水，更佳。这又和培育建兰的方法，几乎是相同了。

《花历》上说，凡栽种兰蕙，最好选历书上所述"六仪""母仓"，十二值位中的"满日""收日""开日""成日"，以及干支纪日法中的"甲子""己卯""戊寅""己丑""辛卯""戊戌""己亥""庚子""丁未""戊申""壬子""戊午"等好日子，避免"死炁""乙日""建日""破日""火日"等坏日子。要遵守古代历书，上面不宜栽种之日，种兰蕙者需知道。

盆栽的兰蕙，凡是根长得特繁茂者，往往开花衰落。如果兰蕙的根长而直下者，往往发花也不会多。需要通过翻盆剪根，留下叶底三四寸长的这段。盆内匀铺栗炭屑一层，再加泥种上。这样能使根繁而不长，花也能够茂盛了。

有人认为栽培兰蕙，根入土不可太深，太深使根长而花不开。另外如在应忌的日子里栽种，花也发不好，都须挑个好日子来进行翻种。

兰蕙叶株绿得发黑，是伤于肥湿；叶色黄而黯的，是伤于干瘦。唯叶色翠绿有神，光洁鲜润，苗株无一叶受损的，说明培育者的技艺到家！

我的朋友黄花奴，深度迷恋兰花，家里栽有许多名品，鉴赏水平特高。这里先写上几条他有关施肥的论说，其余内容拟安排在续编中。

他说，给细花浇肥，常熟人把人粪放在屋外露天里，待一个多月发酵腐熟之后再用。宜在春分与秋分前后几天，等到盆泥极干之时，将粪水沿盆边内壁浇下，注意粪水不可浇到叶甲缝里去。随即用清水淋洗株叶，浇透浇足。施肥之后，避免日晒半月，否则极易萎烂。

书中介绍的各种用肥方法，其实都可随人的灵活性加以变通采用，不可死板地只认定在某一点上。

《第一香笔记》卷三

清·吴郡朱克柔辑著
信安·莫磊 瑞安·王忠 译注校订
信安·郑黎明审校

防 护

（一）

严寒滴水成冰，花一受冻，则根成空壳，子叶、新蕊，俱即萎脱，断无复生之理。藏窖中，则不受伤，如无花窖，藏花房中，须用砻糠埋盆在内，盆上砻糠高起寸余，上以草囤[1]罩之。沿窗冷气，再用火炉御之，不可透风。或用大柴囤置盆在内，草盖盖紧，四周厚拥稻草，仍须温火烘之。总不可使根受冰、叶受风也。凡冬三月，天将作冷作冻以前，最要留心，不可稍懈[2]。

《群芳谱》言兰有四戒："春不出，夏不日；秋不干，冬不湿。"颇能得其大意。春避风雪，夏避酷日；秋避燥烈，冬避冻结。无论兰蕙，皆宜如此。

久雨不可骤晒[3]，烈日不宜暴雨[4]。盆面生草，宜随时去之；长大根深，恐拔肥气[5]。细苔少留亦可。

春二三月，无霜雪时，放盆在露天，四面皆得浇水。日晒不妨。逢十分大雨，恐坠其叶，用小绳束起。如连雨三五日，须移避雨、通风处。四月至八月，须用疏密得所竹帘遮护。置见日色[6]通风处。《群芳谱》

梅天忽逢大雨，须移盆向背日处。若雨过即晒，盆内水热，则烫叶伤根。《群芳谱》

冬作草囤，比兰高二三寸，上编草盖，寒时将兰安顿在中，覆以盖。十余日，得河水微浇一次。春分后去囤，只在屋内勿见风。如上有枯叶，剪去。待大暖，方可出外见风。春寒时，亦要进屋。常以洗鲜鱼血水，并积雨水，或皮屑浸水、苦茶灌之。(《群芳谱》，主建兰说）

注释

[1] **草囤（dùn）** 用稻草编扎成的箩筐状或桶状用具，古人用来作兰花的保暖物品。

[2] **稍有懈玩** 懈（xiè）：松懈。犹言在管理中强调专心一致，不可有一点随便或懈怠。

[3] **骤晒** 反复地日照。

[4] **暴雨** 急雨，即淋大雨。

[5] **恐拔肥气** 恐：恐怕。指杂草根会与兰根争夺土中养料。

[6] **置见日色** 置：摆放；见：显现，有；日色：日光，光照。犹言把兰蕙植株置放在芦帘缝透过的光照下。

今译

隆冬季节，滴水成冰之时，兰蕙植株如果一旦受冻，其根将变成空壳，新株和花苞即刻枯萎，断然失去了生还的可能。若藏在地窖中，就可以免受伤害。万一没有专门的花窖，也可以藏在花房中，可把盆花埋进砻糠堆里，并高过盆面一二寸，上面再罩草囤。为防冷气从窗缝侵入，还需生火炉加热，不可透风。或者围起个大柴囤，把盆花一一地放进囤内，囤顶再盖上草盖。草囤四周及上下，再加堆稻草，室内仍须放炉子保暖。总而言之不可使根叶受到冰冻、风吹之害。在整个冬季三个月里，天气都极其严寒，尤其在即将要冰冻前夕，应特别重视做好防冻工作，千万不可有丝毫的松懈怠惰。

《群芳谱》说，兰有四戒："春不出，夏不日；秋不干，冬不湿。"这话颇能概括大致的意思！春避风雪（按：寒潮侵袭）、夏避酷日（按：烈日高温）、秋避燥烈（按：干风高温）、冬避结冻（按：寒冷冰冻），不论兰蕙，都同样适合。

长久受过雨的兰蕙，不可反复地接受过多阳光；烈日下晒着的兰蕙，也不可突然淋濯大雨。盆面长有野草，要随时拔除；若任其长大，必根系深而发达，恐和花争夺养料。至于苔藓，少留是可以的。

春农历二三月期间，在没有霜雪时，盆栽兰蕙可露天放置，盆内四周要浇水增湿，并不妨给植株以日照。遇到十分大雨时，为了避免压倒叶子，可用细绳一把扎住它们。盆栽兰蕙放在户外，如遇三五天连日阴雨，须把它们放置到既可避雨又能通风的地方。四至八月之时，须用疏密得当的竹帘加以遮掩，使植株能见到柔和的日光，而且通风。见《群芳谱》。

黄梅天里忽遇大雨，必须将所植盆子搬移到背太阳的地方。如果植株已被雨淋过，立即就让它们晒太阳，会使盆内水分升温，烫伤其根。见《群芳谱》。

冬时，用稻草盘扎好草囤（按：如缸、筐），高应比盆加植株的总高度再高出二至三寸左右，并加上草盖。天气寒冷时，可把盆株放进草囤，上面再加盖。十余天后，盆内可浇上少许河水。等到春分过后，可以把盆兰从草囤中取出，置放屋内，剪去枯黄叶子，但仍不可让其遇到冷风。要等到天气大暖时，才可出外见风。此时若遇春寒，应再进屋避寒。常可浇些鲜鱼血水、雨水和苦茶水等。见《群芳谱》。

（二）

瓯兰[1]种宜黄砂土，用羊鹿屎和水浇之。若遇暑月，须每早浇以冷茶。常移盆四面晒，则四面有花。冬月当藏暖处，经霜雪恐冻伤其蕊。然效建兰入窖，则不必矣。……凡花开久香尽，即当连茎剪

去，勿令结子。恐耗气夺力[2]，则来年花不繁矣。《花镜》

二月分栽瓯兰，八月整顿建兰。整顿，谓换盆分栽也。九月霜降后，即宜渐移向暖窖矣。《花镜》

叶上生黑点，谓之虱。建兰生白点，亦有生细虫者。若兰蕙只生黑点[3]，一由干湿不调；一由院小墙高，侵受回风；一由根有虫蚀。急须翻盆移放别处。

若久旱不雨，叶上积有尘沙，则色不鲜泽，久则坏叶。宜用花筒灌之或含水喷之，以净为度。

春初游蜂酿蜜，必采兰鼻上珠[4]，以作蜜引。兰被采去，如人无目，且易憔悴。故花之用罩[5]，真同天造地设[6]。兰蕙有罩，如人端居华屋，精采焕发。用湘妃竹[7]、香楠木[8]为上，灪鹅木[9]、水黄杨次之，紫檀、红木未免烟火气。四面隔护之纱，宜用轻绡[10]，顶重漆纱[11]足矣。

罩内置盆宜高，盆口离桌面高二尺许。罩须三尺五六寸高，方觉轩昂有势。

或云：设花之桌，宜较常桌高一尺。罩内小架七八寸，如此则罩宜照常，不必太高。

盆用各色各式砂盆，罩内小架上用砖压定，然后置盆其上。砖须细洁，或方或圆，或六角或八角，俱宜定烧。大小与盆称，方合款式。

罩须一扇活动开门，罩顶另上，里面以白纸拓之，兰每罩可两三盆，蕙则一盆一罩。

建兰茎叶肥大，翠劲可爱，其叶独阔。若非原盆，必用山土栽之。取脚缸盛水，中间安顿，恐根甜蚁伤也。水须一日一换，若起水皮，则蚁可度。

　　忽然叶生白点，谓之兰虱。鱼腥水，或煮蚌汤频洒之，即灭去。夏月用酱豆汁[12]浇之，则花茂。《花史》

注释

[1] 瓯兰　即春兰。据《艺兰琐言》述："瓯兰多生浙东，叶细长而尖，长尺许，有平行脉，根丛生。春日开花，淡黄色，瓣上有细紫点，无紫点为素心，皆一茎一花，幽香清远，种类甚多。"浙江东部，古称"古瓯越地"，瓯兰也由此得名。

[2] 耗气夺力　喻相互争夺肥分，消耗营养。

[3] 只生黑点　据文字所述，由潮湿不通风等三个因素所形成的黑点，无疑是指褐斑病、黑斑病。

[4] 兰鼻上珠　指兰花蕊柱顶上的花粉块。

[5] 罩　用木材与薄绡子为材料制作成的方形框架，罩在兰花上，外边仍能看到兰花，而昆虫不能飞入。

[6] 天造地设　形容景与物布置得当，好像天地自然所生成一样。

[7] 湘妃竹　又名斑竹。为一种有斑点的竹子，其斑如泪痕。

[8] 香楠木　即楠木。产于我国四川、云南、贵州、湖南等地，是建筑和制作器具之良材，有香气，故称。

[9] 鸂鶒木　鸂鶒（xī chì）：水鸟名。羽色紫，形似鸳鸯。文中指紫色的一种硬质木材，纹理雅致，相似水鸟鸂鶒的羽色，为红木的一种，明清时期是一种极为珍贵的木头。

[10] 轻绡（xiāo）　用生丝织成的薄绸子。

[11] 顶重漆纱　重：加上。用纱盖住罩顶，纱上再涂盖上一层胶漆。清方以智《通雅·衣服》：以漆胶纱，曰漆纱。

[12] 酱豆汁　酱：霉也。以煮熟黄豆为原料，加水入瓮，经充分发酵腐熟而成的液肥。

种瓯兰宜用黄泥沙土，并用沤熟的羊鹿粪经掺水稀释后浇花。夏季里，每天清晨要浇冷茶。经常调动盆子摆放的角度，使兰能四面接受光照，以后才能四面有花。冬季里，则要藏放暖处，严防霜雪天冻伤花苞。但不需要效法建兰那样入窖过冬。

凡花，开久总会香绝，应及时连梗剪除，不让其结实，以避免无为消耗植株营养，影响来年发花。见《花镜》。

瓯兰于二月里分栽，四季兰（建兰）于八月里翻盆或分栽。九月霜降以后，逐渐要把盆花移向暖室。见《花镜》。

兰叶上生有凸起的黑点，那是有介壳虫（黑盾蚧）寄生，俗称兰虱。建兰叶上还有白点凸起，那是另一种介壳虫（白蜡蚧）。假如兰蕙叶上只生有平的或凹陷的黑点（那就是褐斑病），则病因有三。一是干湿不调；二是院子小、围墙高，有回风侵袭；三是根被虫咬蚀。急需翻盆，须另换新的环境栽培。

天因久旱不雨，致兰蕙叶上积满沙尘，使叶色干涩不鲜。可用洒水壶冲洗叶面至净，或用嘴巴含水喷之，使之叶上变得干净。

入春不久，蜜蜂必然来兰蕙花朵内采蜜取粉，一旦花粉被采去，则犹人没了眼睛，使花变得无精打采。因此用"花罩"保护起来的办法，非常得当。兰蕙加了罩，如人住进豪华的房屋，精神焕发。罩可用湘妃竹、楠木等作柱档，水黄杨、鹨鹕木稍次，紫檀、红木未免粗俗。四面包以轻绡，罩顶盖用胶漆涂过的纱就行。

罩内放盆的位置宜高。先将兰盆垫高，使盆口离桌面约为二尺左右。再罩上高约三尺五六寸的绡罩，看去才会有气宇轩昂的神采。

也有人说，展花的桌台，最好比寻常的桌子再增高一尺，罩内再放七八寸高的矮盆架，这样罩只需保持一般高度，不必再特殊增高。

各种颜色、各种式样的砂盆，都适宜种花。罩内矮盆架，须先用砖块压定，再在砖上置盆。砖要细洁美观，形状或方或圆、或六角或八角，需要定制。大小要与盆相称，才有款式统一的美感。

花罩要有一扇能开关的活动门，罩顶可做得能够拆卸，使用起来会方便许多。罩顶内壁衬托白纸，能增亮度。如此这般，每罩可放置二三盆。蕙则须一盆一罩。

建兰（四季兰）叶株肥大而宽阔，生长翠绿而富有生气。如果不是带盆引进，而是不带土的裸株，就必须用山泥新栽。取一只大口浅缸，缸内装满水，中央用砖块垫高，约与水面等平。再把兰盆放在砖上，使成"孤岛"。可防蚂蚁来咬食有甜味的兰根。浅缸之水，一天须一换。如果水发酵起皮，蚂蚁仍可从水面爬入盆内。

忽见叶上生有白点，这就是兰虱（介壳虫）。可用鱼腥水或煮过的河蚌水，连续地浇上数次，便可将其消灭。夏天，用充分发酵的熟黄豆水，经过清水稀释，用来浇兰（建兰），可使叶色润泽，花开繁茂。见《花史》。

（三）

予得素花，捧心倍阔于外瓣，叶细而色微黄。此瘦山花不得气，如人之羸弱也。复出，果数倍于前。又素花，捧心如鸡豆壳，花色甚嫩，外瓣阔而兜，肩平一字。叶厚而短阔，近土处，紧细殊常，最为出色，见者以"白水仙"名之。以上二种，系甲寅新花，俱于丙辰正月，因交立春略为印水，骤遭严寒，受冻而萎。一时不及防护，悔之何及，志此，曷任恨恨。

凡花之高品不易得，得之而不加以防护，顿使葬玉埋香[1]，可胜怆惜，笔记之作，半由于此；以之自儆[2]亦以儆人。惟愿爱花者，久而弗渝[3]，有厚幸[4]焉！

新花不宜见日宜见雨。若种久，因天冷不发，将花蕊遮蔽，于日中略照半时，候盆土微有暖气即止。如花已放瓣，切不可晒，倘近日光，并致枯槁[5]。

凡细花，虽爱养如法，不能每年发剪。惟得旧叶青翠，新叶频生，虽数年无花，久必有蕊。若因不花而委弃之，是无恒心。而以成败论矣，乌足与言种花之道哉[6]？

蕙花叶长而下坠者，上盆后，宜作细篾圈，如盆口大。旁用细竿架起，随叶之高下承之，庶不为风雨摧折。或用粗铜丝亦可。所谓插引，叶之架是也。

春、夏、秋三时，俱置庭中，如遇雨雹，急须遮护，倘被着叶，必致损坏。极大阵雨，亦宜篾篷遮护；淫雨不止，移向廊檐避之，不可入屋，须透风也。

蕊被鼠伤，列于花之劫数。若花多罩少，宜用枸橘叶，满铺架上，然后置盆。或以沿盆口，挂小铃数枚。或于架上盆旁，置饭粒糕饼之类，俱可免其残啮。

凡花愈好，其根愈嫩，太干太湿，易致受伤。严寒更须留意。人谓好花难复，不知调护失宜[7]。此亦养花之通病也。

蕙花短干下有膏一点，真同鲜露明珠，往往为蚁所逐。又有一种小蜘蛛食之，使花顿少精神，最要留心防护。又有自干者，其花不能开足。

兰蕙新花，并宜早落。久则夺力，致次年不能发花。兰于开足后五六日、蕙俟顶花舒放，即须剪下。但好花不能久驻，未免怏怅于心[8]，随用旧磁瓶养之，转可得十余日清赏。明袁宏道著《瓶史》[9]，内有浴花一法，以北方沙土扑案而然[10]。若蕙、兰入瓶，宜频频浴之，则久而能芳。

剪花用剪尖入土中，着根处剪之，随用干细泥掺入。

花奴云："蕙花过于肥湿，则生虱。色黑者，在叶面及近根处。色白者，散布叶背。久则其叶或从根折断，或干萎而绉。急须用指，轻轻刮去。将竹签裹以新绵，蘸水调麻油涂之，则不复生。若晒花、瘦花，无此患也"。

注释

[1] 葬玉埋香　比喻痛失心爱的珍贵之物。

[2] 自儆　儆（jǐng）：教训。自我警告，不使再犯错。

[3] 久而弗渝　久：长久；弗：不要；渝：违背，改变。

[4] 厚幸　大幸。

[5] 必致枯槁　枯槁（gǎo）：干枯。意思是必然造成枯萎。

[6] 乌足与言种花之道哉　乌：哪。哪能说这是种花的道理？

[7] 调护失宜　调护：管护；失宜：不合适。

[8] 怏怅于心　怏：心中不快；怅：惋惜。

[9] 《瓶史》　明袁宏道著，约成书于1599年，书中介绍不少瓶花水养的技艺，是我国较早的一部插花技艺专著，对世界瓶花水养，尤其是日本花道，有一定影响。

[10] 北方沙土，扑案而然　作者在《瓶史》中介绍："京师风霾时作，空窗净几之上，每每吹号，飞埃寸余，瓶君之困辱，此为最剧，故花须经日一沐。"

今译

　　我曾得过素心新花，它的二花瓣比三萼瓣还要再宽一倍，叶形细长，叶色微黄。这是长于瘦山之花，肥性不足之故，就像身体虚弱的人。果然在复花时，见到它花形要比新花时好上几倍！

　　另又得一素心新花，它的二花瓣，形如鸡豆壳，花色嫩绿。三萼瓣质细嫩，形如勺。一字平肩。叶厚而短阔，近土处叶基部，收得紧而细，实为罕见。兰友赞其出色，便称它为"白水仙"。

上述二种，都为1794年（甲寅）的落山新花，并于1796年（丙辰）复花，当时正值立春，盆土稍浇了些水，没料想天气突变严寒，一时来不及做好防护工作，致使二花受冻而萎败，真是懊悔莫及。记上这些情况，旨在提醒爱花人，时时莫忘前车之鉴。

要想得到兰蕙的上品，实在是非常不易，得到了却因没能悉心管护而致使这"宝贝草"得而复失，令人痛惜万分。我在这书里写上这些话，一半是告诫自己，另半是为了告诫爱兰人，如果能够使大家做到不违花性、持久不懈、爱护备至，那真是兰花的大幸啊！

下山新花不适宜晒太阳，却适宜淋小雨。种了很久，若因天冷气温低，花苞不能开放，则可遮掩花苞，并每天让整盆日照半个时辰，使盆土稍感温暖即可。如花苞已经放瓣，千万别再在阳光下直晒，如果再晒，必致花枯槁。

凡是细花品种，虽然兰人用心调护，莳养得法，不但旧叶葱绿、新株也不断生发，却是数年无花。只要耐心培护，日后必能蕊孕起花。若因不花而将它抛弃，这是缺乏恒心的表现。仅从起花这表面的现象去判断成败，怎么能说是种花的真正道理？

对叶长而下弯的蕙兰，上盆之后，可作几个如盆口大的细篾圈，沿盆边再插细竹竿或粗铜丝数条，根据叶子高低，把篾圈架起，以承受和支撑叶子，这样叶子就不会被风雨摧折。这就是通常所说的"插引叶架"。

春、夏、秋三季，兰蕙都可以放在庭院中莳养。但如果遇有大雨和冰雹之时，必须立即遮护。冰雹打在叶上，必使叶子受损。遇有极大的雷阵雨时，要用篾蓬加以遮盖。长雨天时，要把它们搬到屋檐下避雨，但不能进屋，必须保证能充分通风透气。

花苞被鼠咬伤，是属于花之劫。用罩来保护，果然好，如遇罩少花多时，可用带刺的枸橘枝叶，满铺兰架。或盆沿挂小铃铛几只，或在盆架旁放些食物，这些方法都可避免鼠害。

但凡越是上品的好花，它的根总显得越是细嫩（娇贵），培护中如果太干太湿，容易造成对它们的伤害，更须留意严寒。人说"好花难复"，却不知是由于自己对它们调护不当的缘故，这可说是养兰人的一个"通病"。

蕙花每个小柄与大梗连接处，有蜜露一点，俗称"兰膏"，是蚂蚁和一种蜘蛛所喜欢吸食之物。但此物一旦失去，会使花朵顿时缺少神采，最要关注防护。有时膏汁也会自干，花就会显得无力而不能开足了。

兰蕙下山新花开后，宜尽早剪去为好。因开久必然消耗体内大量营养，造成下一年不能发花。兰于花开足后5～6天剪除，蕙待顶花开大后将花梗剪除。可是好花不能久留，实在让人惋惜生憾。剪下后，可把它们插在水瓶里，仍有十来天时间可以欣赏。明朝袁宏道所著的《瓶史》中，有浴花一法，把兰、蕙带花之梗剪下插入瓶中，若能经常给它们"洗澡"，就能使花久开鲜香。（释：我国北方，常有朔风吹带大量泥沙，每日可见书桌上都积有厚厚一层，故须天天不断地给花"洗澡"）。

剪花梗时，要把剪刀尖头直入土中，在近根处把花梗剪去，经常浇水，并且随手用干细泥土填平。

友人黄花奴说，蕙兰过于肥湿，就要生介壳虫，颜色黑的，在叶面近根的地方；颜色白的，散布在叶背处。时间一长，病叶自根部折断，或干萎皱缩。急须用指甲轻轻刮去，也可用竹签裹药棉，蘸水调麻油，涂在叶面叶背。这样，介壳虫便不再复生。如果对花能重视光照，那么即使是瘦花，也不会有这种虫害了。

杂 说

（一）

花之宜

和风，幽居，同心共赏；
旭日，美人，名士清谈。

今译

　　和暖春风，东方朝阳，清幽居室，逸隐君子，同心兄弟，名士雅言。显得投合高雅，非常和谐。

花之劫

醉客翻盆，簪戴在丑女头上；
鼠子咬蕊，付与不会培养人。

今译

　　酒醉翻盆，老鼠咬花，丑女簪兰，俗子莳兰。
　　（按：都是格格不入，辱没了兰所具有的美人节操，实使兰花遭了劫难。）

花之器

床以安之、房以护之、筒以溉之、架以荫之、罩以饰之、牌以记之。

放置盆兰环境要妥，加强兰房管理，适时浇水，遮蔽烈日，花罩精美，对各品种要一一地挂牌。

（按：这是强调对兰的管护，要为兰创造合适的生长条件。）

花之忌

市侩铺排索价，烟喷烛逼，图利转卖；

俗人妄作评论，酒触香侵，摆设衙斋。

唯利是图者开花店，以高价索卖；外行人品题兰，不懂装懂，瞎说胡品；炉灶肚喷出烟气薰染兰株；酒菜浊气与兰香相混一气；把兰置放衙府官场，当作饰物；一切为了图利，不屑转卖给他人。

（按：这都是有辱兰高洁的品格。）

花之助

名茶数瓯，壁挂宋元书画；

清歌一曲，庭栽潇洒松筠。

同心相聚，清茶几杯；赋诗吟歌，快乐自在；壁上悬挂古代名家书画；庭园栽植苍松翠竹，脱俗潇洒。

（按：有如临仙境之逸趣。）

花之用

膏可代烛，蕙素花阴干能催生；
香可助茶，建兰叶治虚人肺气。

兰花加工成膏，可代作饮料；茶叶窨兰花，能满口留得清香；阴干素蕙花，古传催生方；建兰叶煎汤，能止咳保健康。

按：王仲遵《花史左编》[1]，亦列花之宜忌等说，皆泛指各花，未免华而不实。此则专为兰言，非窃取也。

注释

[1] 《花史左编》 作者王路，字仲遵，号淡云，浙江嘉兴人，此书于明万历四十五年（1617年）编撰而成，共24卷。全书介绍了各种花卉的品种、传说等，是研究花卉文化的重要图书。

按：在明人王仲遵的《花史左编》里，也写到花与他物"相宜"和"相忌"的关系，但内容涉及其他的花卉，似乎给人华而不实的感觉。而本书所述，内容的确是专指兰花，且绝无剽窃之言论。

（二）

或谓：水仙、兰二花为夫妇花，水仙为妇、兰为夫。（见《说部·薛蕴事》

兰叶尖长，有花红白，俗呼为"燕尾香"，煮水浴，疗风[1]。（《海录碎事》[2]按：此即香草也）

挂兰[3]，浙之温、台山中，岩壑深处，悬根而生。故人取之，以竹作络，挂之树底，不土而生。花微黄，肖兰而细，不可缺水。或云：宜以冷茶沃之。《花史》

风兰，种小似兰，枝干短而劲，类瓦花。不用砂土，取竹篮，盛贮其大窠，悬于有露无日之处，朝夕洒水。三四月中，开小白花。将萎转黄色，黄白相间。或云：宜以冷茶沃之。或云：用妇人髻铁丝[4]盛之，而以头发衬之，则花茂。又云：此兰能催生，将分娩，挂房为妙。《花史》按："挂兰即风兰"。以上《花史》二则即采《群芳》而作衍文，且分挂兰、风兰为二，殊欠考核，姑录此者，从其详耳。

箬兰，叶似箬、花紫，形似兰而无香。四月开，与石榴红同时，大都产海岛阴谷中，羊山、马迹诸山[5]，亦有之。性喜阴，春雨时种。《群芳谱》

晋·罗含[6]，字君章，耒阳人也，致仕还家，阶庭忽兰菊丛生，人以为德行之感。《汗漫录》

霍定与友生游曲江，以千金购窃贵候亭榭中兰花插帽，兼自往罗绮[7]丛中卖之，士女争买，抛掷金钱。《曲江春宴录》[8]。

十步之内必有芳兰。（见《说苑》[9]）

武帝目谢览，为芳兰竟体[10]。见《梁书》[11]

《家语》[12]：与善人居，如入芝兰之室，久而不闻其香，与之俱化。又：兰为王者香，不与众草伍。

凡兰，皆有一滴露珠在花蕊间，谓之兰膏。不啻沆瀣，多取则损花。《群芳谱》

兰花向午发香，建兰叶喜人，捋则色绿。《花镜》

窃兰名[13]者
玉兰[14]、泽兰[15]、树兰[16]、木兰[17]、真珠兰[18]、赛兰[19]

地以兰名
兰皋[20]、兰若[21]、兰泽[22]、兰亭[23]

人以兰名
郑穆公[24]名兰、杜兰香[25]、苏蕙[26]字若兰、秦弱兰[27]

兰以色名
金兰[28]、紫兰（即杭兰之一种）、朱兰[29]、青兰花[30]（见太白诗）

以上约举之，若夸多斗靡[31]，作类书抄[32]，胥非[33]立说之意也。

注释

[1] 疗风　疗：治疗；风：风邪夹湿病，症见头痛、发热、恶风、小便不利、骨节痠痛、不能伸展，宜散风祛湿。

[2] 《海录碎事》　宋叶廷珪撰，书共二十二卷，分为天、地、衣冠服用和饮食器用等十六部。廷珪字嗣忠，号翠岩，福建瓯宁（建瓯）人，徽宗政和五年进士。

[3] 挂兰　原作者结论，视此与风兰同。但据文中所述开淡黄花的形态特征和生长于岩壑环境里两点分析，再根据我们实地考察，所言挂兰，应是石斛兰。通常风兰花白，附生于大树上，与之有别。

[4] 髻铁丝　即为妇女夹头发的铁丝兜。

[5] 羊山、马迹诸山　在江苏省太湖以北，雪堰桥南。这些岩石山，共同构成半岛，延伸出太湖。

[6] 罗含　字君章，桂阳（今湖南省东南部耒阳一带）人，善文。由州主簿官至廷尉、长沙相。称江左之秀。至任还家，在荆州小洲上立茅屋而居，阶前皆种兰竹。

[7] 罗绮　华贵的丝织品。借指穿着华丽的贵妇、小姐。

[8] 《曲江春宴录》　载于后唐人冯贽所撰《云仙杂记》。

[9] 《说苑》　西汉·刘向撰，共20卷，分类撰辑先秦至汉代史事，杂以议论，借以阐明儒家的政治思想和伦理观念。书中原文为："十步之泽，必有香草；十室之邑，必有忠士。"

[10] 武帝目谢览，为芳兰竟体　谢览（472-509年），南朝梁大臣，字景涤，为武帝深器之。此句实出《南史·谢弘微传》："（谢览）意气闲雅，视瞻聪明，武帝目送良久，谓徐勉曰：'觉此生芳兰竟体，想谢庄政当如此。'"

[11] 《梁书》　书名。唐代姚思廉撰，共五十六卷，纪传体，讲述南朝梁代史，是现存梁史中比较原始的记载。

[12] 《家语》《孔子家语》简称，原书二十七卷，今传本十卷四十四篇，三国魏王肃注，是一部记录孔子及孔门弟子思想言行的著作。

[13] **窃兰为名** 比喻非兰之物，而借兰花的名义取名。

[14] **玉兰** 又名辛夷。落叶乔木，叶倒卵形，花白色，有香，可入药，通鼻窍。

[15] **泽兰** 菊科多年生草本，叶对生，卵圆形或披针形，有柄，边有锯齿，头状花序，茎、叶含芳香油。中药所指泽兰，属另一种唇形科植物；还有佩兰等，均称泽兰。

[16] **树兰** 又称米仔兰、米兰，楝科常绿灌木、小乔木，多分枝，奇数羽状复叶，叶面亮绿，圆锥花序腋生，花小而繁密，具兰花芳香。

[17] **木兰** 为木兰科小乔木、灌木，叶倒卵形，花期早春，先叶后花，花外紫内白。

[18] **真珠兰** 正名珍珠兰，又名珠兰、鱼仔兰、茶兰。金粟兰科常绿多年生草本，茎直立，稍披散，叶缘有锯齿，面光滑，稍呈泡皱。穗状花序顶生，花黄，浓郁幽香，稍逊兰花。

[19] **赛兰** 《二如亭群芳谱》：伊兰出蜀中，名赛兰，树如茉莉，花小如金粟，香特馥烈，戴之香闻十步，经日不散。

[20] **兰皋** 长有兰草的泽边之地。《离骚》："步余马于兰皋兮，驰椒丘且焉止息。"

[21] **兰若** 梵语"阿兰若"的省称，意谓寂静之地，后泛指寺庙。杜甫《谒真谛寺禅师》诗："兰若山高处，烟霞嶂几重。"

[22] **兰泽** 多有兰生长的沼泽。《古诗十九首》："涉江采芙蓉，兰泽多芳草。"

[23] **兰亭** 在浙江绍兴西南，地名兰渚，渚有亭。《水经注·浙江水注》："湖口有亭，号曰兰亭，亦曰兰上里。"

[24] **郑穆公** 《左传》中的故事。郑文公有贱妾，名燕姞，梦天使赠兰。天使说，我是伯鯈，是你的祖先，我把兰花赠给你，以它作你儿子，佩着它，别人就会像爱它一样地爱你。后燕姞就生了穆公，起名为兰。以后，文公又娶多妾，共生五子；他暴虐无道，亲手将亲生儿子一个个毒死。穆公活着，逃

出郑国，不久从晋文公伐郑，最后作了郑国国君。

[25] **杜兰香**　仙女。《晋书·曹毗传》："桂阳张硕为神女杜兰香所降，毗以二诗嘲之，并续《兰香》歌诗十篇。"曹毗《神女杜兰香传》："杜兰香自云：'家昔在青草湖，风溺，大小尽没。香年三岁，西王母接而养之于昆仑之山，于今千岁矣。'"

[26] **苏惠**　十六国前秦女诗人，字若兰，陕西武功人。其夫窦滔，符坚时为秦刺史，后以罪徙流沙。惠思念窦滔，织锦为《回文璇玑诗》，以寄情。

[27] **秦弱兰**　南唐歌妓。北宋初年，翰林学士陶谷出使南唐劝降，南唐宰相韩熙载设美人计，以秦弱兰诱陶谷犯谨独之戒。陶谷回朝，谎奏宋王，只说南唐兵精粮足，撤回准备进攻的军队，南唐暂时避免亡国之祸。

[28] **金兰**　指兰花外三瓣，色黄如金。

[29] **朱兰**　指兰外三瓣，色红如朱砂。

[30] **青兰花**　青：蓝绿色。李白原诗《自金陵溯流过白璧山玩月达天门寄句容王主簿》："沧江溯流归，白璧见秋月。秋月照白璧，皓如山阴雪。幽人停宵征，贾客忘早发。进帆天门山，回首牛渚没。川长信风来，日出宿雾歇。故人在咫尺，新赏成胡越。寄君青兰花，惠好庶不绝。"

[31] **夸多斗靡**　语出唐·韩愈《送陈秀才彤序》："读书以为学，缵言以为文，非以夸多而斗靡也。"夸多斗靡：指读书或写文章，以数量多或辞藻华美相夸耀。

[32] **作类书抄**　类属于资料辑录。

[33] **胥非**　胥：都，皆；非：不是。

今译

　　有人把水仙和兰比作是夫妇之花，水仙为妻，兰为夫。言两者关系之密切。见《说部·薛蕗事》。

　　有一种叶长而色光滑的兰，紫茎，素枝，干微方，赤节绿叶，分叉对生，开红白色花，高三四尺。俗称"燕尾香"，又名都梁香、省头草、孩儿菊，可煎汤洗澡，能治风湿病。见《海录碎事》。（原按：这就是香草。）

　　挂兰。生长在浙江温州、台州高深偏僻的岩壁上，它们露根而生长。花色浅黄，形似兰花而更细一些，栽培中不可缺水。有人说最好用冷茶浇灌。见《花史》。

　　风兰。植株小于兰，叶短而质硬，形如瓦花，不需用沙土栽培，取丛聚大块，栽植于竹篮，悬挂在能受露又可避日处，早晚注意浇水。于每年农历三四月间开素心小白花。花将萎时，花色变成黄、白相间。有人说，可用冷茶作肥料来浇它。也有人说，用妇女夹发髻的铁丝罩作盆子，用头发作植料，花可繁茂。又有人说，这风兰能催生，女人分娩时，最好把它挂到房里。《花史》按："挂兰即风兰。"见《群芳谱》。

　　《花史》，从对花的探讨中扩大内容，因而把本是挂兰一花，当作二花来作介绍，实在是尚欠考核。姑且记在这里，听从明了者来作详细说明。

　　箬兰，叶似棕箬，花紫，形同春兰，无香。每年四月几乎与石榴同时开花，大都生长在海岛岩谷之中，江苏太湖以北的羊山、马迹山岩谷里也有。箬兰喜阴，以春雨时种植最佳。见《群芳谱》。

　　晋人罗含，字君章，桂阳耒阳人，为官清正。退休辞官还家中旧宅，忽见庭阶处兰菊丛生。别人以为是他高尚德行所感也。见《汗漫录》。

　　有个年轻公子叫霍定，和朋友去游曲江，他出重金找人到显贵官家花园偷来植于亭榭里的兰花。然后把兰花插在帽上，执持手中，赶到穿着时髦的妇人群中去售卖，爱兰的贵妇、千金们不惜金银，纷纷争着去买。（按：读书人出钱去偷来兰花以显高贵和富有，又将偷得之花卖钱。不但辱没了"王者香"，也有失读书人的身份。）见《曲江春宴录》。

十步之内，必有芳兰。(按：犹言芳兰处处，生长之多。)见《说苑》。

梁武帝见过大臣谢览后，别离时还目送谢良久，并大加赞叹，觉得此人具有芳兰的气质。见《梁书》。

《孔子家语》里说，与德才完美的人相处在一起，犹在兰室里，闻久了便不觉得香了，因为人的嗅觉被兰香所同化。是说自己的道德行为，被善人所感化。又说，兰被称为王者香，应该保持高尚的节操，不可以混同于众草！

兰蕙在放花时，花旁都有一滴蜜露，好像是挂着一颗露珠，俗称"兰膏"，具有给花补充营养的作用。如被蜂蝶等昆虫取走，花就即刻没有了神气。见《群芳谱》。

中午开花的兰，气味特别芳香；建兰叶色鲜亮秀美，尤为人所喜爱。见《花镜》。

窃兰为名（非兰而"盗用"兰名。翻译略。）

地以兰名（地、处以兰称名。翻译略。）

人以兰名（以兰名作为人名。翻译略。）

兰以色名（本书卷之二《外相·花色》已作过介绍。翻译略。）

以上所写内容，好像在以文字多、辞藻美而夸耀一番，其实只是才识浅薄，类属于资料辑录而已，作者皆无著书立说之意。

（三）

瓯兰[1]，一名报春先，多生南浙阴地山谷间，叶细而长，四时常青。秋发蕊、冬尽春初开花，有紫茎、玉茎、青茎者，一茎一花。其紫花黄心、白花紫心者，酷似建兰，而香尤甚。盆种之，清芬可供一月，故江南以兰为"香祖"。若欲移植，必须带土厚墩，方能常盛。《花镜》

蕙兰，一名九节兰，叶同瓯兰，稍长而劲，一茎发八九花，其形似瓯兰而瘦，即香味亦不及焉。但后瓯兰而开，犹可继武瓯兰；先建兰而放，聊堪接续建兰。则一岁芳香，半窗清供，可以绵绵不绝矣。其浇壅之法，亦同瓯兰。《花镜》

《群芳谱》云：杭兰[2]，花紫白者，名荪，出法华山；朱兰[3]，花开肖兰，色如渥丹[4]，叶润而羹，粤种也；树兰[5]，木生，其香与兰等；伊兰[6]出蜀中，名赛兰香，树如茉莉，花小如金粟[7]，香特馥烈，戴之，香闻十步，经日不散。俱《群芳谱》

《猗兰操》[8]："兰之猗猗，扬扬其香，不采而佩，于兰何伤"。

《说文》[9]曰："兰，香草也。"

《离骚》[10]曰："纫秋兰以为佩。"又曰："秋兰兮蘼芜。"又曰："疏石兰以为芳。"王逸[11]注：兰香，疏布也。

《易》曰："同心之言，其臭如兰。"[12]

《记》[13]曰："妇人或赐之茝兰，则受而献之舅姑。"

《家语》[14]曰："芝兰生于深谷，不以无人而不芳；君子修道立德，不为困穷而改节。"

《文子》[15]曰："日月欲明，浮云盖之；丛兰欲发，秋风败之。"

孙卿子[16]曰："民之好我，芬若椒兰。"《花史》

《草木疏》[17]云："兰为王者香草，其茎叶皆似泽兰，广而长节，节中赤，高四五尺，藏之书中辟蠹[18]鱼，故古有兰省芸阁[19]。"

《群芳谱》云："蕙一名薰草、一名香草、一名黄零香，即今零陵香[20]也；兰草即泽兰，今世所尚乃兰花，古之幽兰也，题咏家多用兰蕙而迷其实。"又云："兰为世重久矣，今世重建兰，北方尤为难致，间得一本，置之书屋，爱惜郑重。即拱璧不啻^[21]也。及详阅载籍，乃知今所崇尚，皆非灵均九畹故物^[22]。"

《遁斋闲览》^[23]云："《楚辞》^[24]所咏香草，曰兰荪、曰茝、曰药、曰蘪、曰芷、曰荃、曰蕙、曰蘼芜、曰江篱、曰杜若、曰杜蘅、曰揭车、曰留荑，释者但一切谓之香草而已。如兰一物，或以为都梁香、或以为泽兰、或以为猗兰草，今当以泽兰为正。山中又有一种如大叶麦门冬，春开花极香，此则名'幽兰'，非真兰也。荪则今人新谓石菖蒲者。茝、药、蘪、芷，虽有四名，正是一物，今所谓白芷是也。蕙即零陵香，一名薰。蘼芜，即芎藭苗也，一名江篱。杜若即山姜也。杜蘅，今人呼为马蹄香。惟荃与揭车、留荑终莫能识。他日当遍求其本，列植栏槛，以为楚香亭。"

家紫阳《楚词辨证》^[25]云："今按本草所言之兰，虽未之识，然而云似泽兰，则今处处有之；蕙则自为零陵香，尤不难识。其与人家所种，叶类茅而花有二种如黄说^[26]者，皆不相似。大抵古之所谓香草，必其花叶皆香，燥湿不变，故可刈而为佩。若今之所谓兰蕙，则其花虽香，而叶乃无气，其香虽美，而质弱易萎，皆非可刈而佩者也。"

注释

[1] 瓯兰　泛指今称的春兰。古时，在自然地理上，曾将浙江竖分为东西两大块，春兰多生于东部即古瓯越地，故有此称。
[2] 杭兰　指春兰。
[3] 朱兰　指墨兰。
[4] 渥丹　深红色。

[5] 树兰　此种非真兰。

[6] 伊兰　指金粟兰科的珠兰。

[7] 金粟　小米，谷子。

[8] 《猗兰操》　相传为孔子所作的琴曲。猗：赞美；操：琴曲。

[9] 《说文》　《说文解字》的简称，系文字学书，东汉许慎撰，成书于汉和帝永元十二年（100年），共四篇，收字9353个。是世界最古的字书之一。

[10] 《离骚》　楚辞篇名，战国屈原所作。作品运用美人香草的比喻、大量的神话传说和丰富的想象，表现出积极的浪漫主义精神。

[11] 王逸　东汉文学家，字叔师。南郡宜城（湖北）人，安帝时为校书郎，顺帝时官侍中。所作《楚辞章句》一书，是现存楚辞最早、最完整的注本，颇为后世学者所重。

[12] 易曰："同心之言，其臭如兰。"　语出《易传·系辞》。《易传》是对《易经》的注释，共有10篇文章，又名《十翼》，相传为孔子所撰。

[13] 《记》　亦称《小戴礼记》，为秦汉前各种礼仪论著的选集，儒家经典之一，相传为西汉戴圣编集。今为东汉郑玄注本，内有《檀弓》、《月令》、《学记》、《中庸》、《大学》等四十九篇。原文语出《礼记·内则第十二》："妇或赐之饮食、衣服、布帛、佩帨、茝兰，则受而献诸舅姑。"

[14] 《家语》　即《孔子家语》。原文为："芝兰生于深林，不以无人而不芳，君子修道立德，不谓穷困而改节。"

[15] 《文子》　书名。作者文子，姓辛，号计然，老子之弟子，曾问学于子夏和墨子。唐玄宗时诏此书为《通玄真经》，被列为道教经典之一。句出《文子·上德》："日月欲明，浮云盖之；河水欲清，沙土秽之；丛兰欲修，秋风败之；人性欲平，嗜欲害之。"

[16] 孙卿子　荀子（公元前313—前238年），名况，字卿，战国末期赵国人，著名思想家、教育家，文学家，时人尊称荀卿。句出《荀子·议兵》："其民之亲我欢若父母，其好我芬若椒兰。"

[17] 《草木疏》　全名《离骚草木疏》，宋代吴仁杰撰，共四卷。内有："蕑即兰也，其茎叶似药草泽兰，广而长节，中赤高四五寸，汉诸池苑及许昌宫中

皆种之，可着粉中藏衣，着书中辟白鱼。"

[18] **辟蠹** 辟：消除；蠹：喜咬食书本的小昆虫。

[19] **兰省芸阁** 兰省：即兰台，为汉代宫庭藏书处，由御使大夫的属官御使中丞主管，设兰台令史。唐高宗时，改秘书省为兰台。故唐时的诗文称兰台为兰省。芸阁：藏书处，即秘书省。

[20] **零陵香** 叶如麻，对生，茎方，前人称薰草，生低洼湿地，七月中旬开花。有香，可入药，能明目止泪，治伤寒头痛。

[21] **拱璧不啻** 拱：两手合胸前，示恭敬；璧：玉石大璧；不啻：比不上。喻特别珍贵之物。

[22] **九畹故物** 九畹：借指兰花；故物：原来的物品。

[23] **《遁斋闲览》** 十四卷，为陈正敏于宋徽宗崇宁、大观年间（1102—1110年）编著。原书久佚。《说郛》（通粉楼本）卷三十二有节编本四十四条。陈正敏，生卒年月不详，自号遁翁，延平府沙县人。

[24] **《楚辞》** 总集名，西汉·刘向辑。东汉王逸为作章句，收集由楚人屈原、宋玉及汉代淮南小山、东方朔、王褒、刘向等人的辞赋十七篇，因具有楚地浓厚的地方色彩而名。

[25] **《楚词辨证》** 又名《楚辞辨证》，作者朱熹（1130—1200年），南宋哲学家，教育家。字元晦、仲晦，号晦庵，别名紫阳。徽州婺源人，客居福建。曾任秘阁修撰等职，其博览和精密分析的学风，对后世影响很大。本书著者朱克柔系其后人。

[26] **黄说** 黄庭坚《书幽芳亭》：一干一花而香有余者，兰；一干五七花而香不足者，蕙。

今译

瓯兰泛称春兰，又名报春先，多生长在浙江南部（注：应称东南部）较阴的山谷里和山峦溪谷中。它的叶细长，常年青绿。秋天孕蕊，冬尽初春开花。有紫茎、青茎、白茎之分，大都为一茎一花。其中有开紫花黄心和开白绿花紫心（素心）两种，花跟建兰极像，而香气却比建兰更为芬芳。若将它们盆栽，可献香一个月左右，因此它被江南人崇尚为"香祖"。如想移栽别处，必须要带上扎根的那堆"娘土"去种，才能使之长茂。见《花镜》。

《群芳谱》说，杭兰（春兰）有紫花白花，名为"苏"，生在法华山（今杭州西湖区西溪）。广东另有一种朱兰花（墨兰），花形似兰，花色深红，叶油亮而柔美。还有树兰，是一种木本植物，也有兰的香味。又有出四川的伊兰，又名赛兰，它的植株像茉莉，开粟米样金色小花，香味浓烈，佩在身上能经日芳香（珍珠兰）。见《群芳谱》。

孔子的《猗兰操》中描写，婀娜旖旎，随风飘拂的兰，你悠然自得，舒发清香，虽然不被择取，但兰还是豁达有节，志气怎会挫伤？（按：孔子颂兰、情兰。）

《说文解字》说，兰就是香草。

《离骚》说，结扎起秋兰，作为佩饰。又说，秋兰叶姿柔美，生长得青翠繁盛。又说，兰疏朗地散生在石旁，芳香四溢。

东汉文学家王逸的注释里有：兰花能泛香幽远。

《易传·系辞》中说，在语言上谈得来，说出的话就像兰花那样芬芳、高雅。（按：言志同道合、情操高尚的朋友。）

《礼记》里说，妇人得到别人赠送配巾或白芷和兰草等，首先应当敬献给公婆等长辈去玩赏。

《孔子家语》说，芝兰生于深林，不因无人欣赏而不吐芬芳。君子效兰自律，不怕孤单寂寞；贫贱不移性远，情志高洁自芳。（按：兰若君子，君子效兰。）

《文子》说，太阳月亮想要放光，却被乌云遮盖；丛兰想要生长，却遭到寒凉秋风的威胁，而面临衰亡。

《荀子》说，民众爱我们就像芬芳的椒兰一般。（按：如兰一样自芳自重，受人喜欢。）

《草木疏》说，兰被崇尚为"王者香"。它的茎叶像泽兰，枝干长有很多节，节色赤红，株高1.3～1.6m左右。把它的茎叶放在书里，可驱除咬食书本的蠹虫，历来被人们推崇备至，所以汉代曾把宫廷藏书处称作兰台，在唐代诗文中又称兰省。藏书处、秘书省又称芸阁。

《群芳谱》说，蕙又名薰草，又名黄零香，即今之零陵香。兰草就是泽兰，是今人所说的兰花，也就是古时所称的幽兰。文人们在题诗咏歌中多有歌颂兰蕙者，而其实他们对兰花的概念却是模糊不清的。又说，兰已被世人崇尚年久，现今人们却看重建兰，尤其是北方人，间或得到一株，十分珍重，把它放到书房里供起来，视其珍贵，就连美玉大璧都不能与之相比。详细阅读记载的书籍资料，才知今人所崇尚的兰花，并非是屈原在"九畹"里所滋、所树，传承下来的传统之花。

《遁斋闲览》说：《楚辞》所歌颂的香草，称"兰"、称"苏"、称"茝""药""芷"等，又称"杜蘅""揭车""留荑"等等。解释的人，只是一概称它们为香草罢了。兰这种植物，名字真不少，有称作"都梁香""泽兰""猗兰草"等，现在统一称为"泽兰"。在山里，另有一种像大叶麦冬的植物，春天开花，极香，名字也称"幽兰"，可它并非是真正的兰花。"苏"就是今人所称的石菖蒲。茝、药、蓠、芷等虽为四个名字，却是同一物，即今天所称的白芷。（按：宋人陈遁斋，在这里把泽兰当作真兰，又把真兰说成"非真正兰花。"）蕙即是零陵香，又名薰。蘪芜，就是川芎的幼苗，又叫江蓠。杜若，就是山姜。杜蘅就是马蹄香。唯有"荃""揭车"和"留荑"始终未能真知。日后，我将遍处寻找，力求得到这些植株，开辟一块土地，围上栏杆把它们种在一起，并为这园子起个"楚香亭"的名字。

我的先祖朱熹在《楚辞辩证》里说：按照《本草纲目》所说的兰，我虽未见过，然而说它像泽兰，这不是处处都有吗？蕙疑似为零陵香，尤其不难识别。有人所种，叶像茅草，而花却有两种，例如黄色的，形象特征都不一样。大致地说来，古人定下的所谓香草，花和叶整体应该都有香气，且湿草一下不会变成干草，因而可以割来，结成佩饰。而今天人们所说的兰蕙，花虽然香，然而叶是无香的；花香虽可人，但质地柔弱，容易干萎，都是不可以割下佩挂到身上的。

（四）

曾见四季兰，花、叶稍觉细小，香亦逊于兰，惟四时着花。

近年所出洋兰，虽花叶壮盛，绝无韵致[1]，且有臭无香，不堪[2]赏玩。其培养与山兰同法，而差喜肥。

近日吴门风气：花市佣贩之徒[3]，于行家买得原篓，零星拆卖。一遇稍可把玩之花，即视为奇货。如有出色者，妄立名目[4]，索价高昂。或有数万钱甚至数十万钱，花价之丰啬[5]，全视子叶之多寡，若有一定焉。

新花时，得出色者，有等好事之人[6]，即于各处种花家关说[7]，名曰"花蚂蚁"。

古人于兰蕙，不过形于篇咏，间有好者藉以娱心悦目，适一时之性[8]而已。今则合志同方[9]，甚而互相标榜，每年春三月，谓之花信，贤愚竞逐[10]、雅俗同之[11]。岂物之盛衰有时，抑亦风会使然，不仅争传十里香耶。

蕙花植盆，惟得大块根叶好者，次年方有复花。今市中，拣花、壳、根、叶相似者，并作大块。甚有将断蕊插入者，有将小块纽作大提，壳色不等，每提十余剪者，名曰"立花"。有将小蕊箝下，视花瓣阔狭，并心之与否者。不知素花可见，而瓣花难凭。种种作伪心劳[12]，不可不知。

前列"花之助"一条，约举未能详尽，兹复重言申之。良由爱护之至，一往而深，览者当不以为用情太过，厌其言之反覆也。

花开时，胪列[13]各花上品名种，杂然前陈，在观者目不暇击，良属快事，但旁窥竟同列肆。故花不在多而在好，又必傍加衬托，俾得益显精神。凡与兰同时花者，有梅花、水仙；与蕙同时花者，有白桃、踯躅。取其色之雅淡。或以瓶供，或用盆栽于室中。位置得宜，亦画家烘染[14]之意，此以花衬花法也。至于瘦竹数竿，幽情拔俗；灵芝三秀，逸气凝仙。方滋朗润清华，藉以映带左右。凡在无花之品，更宜留意，此皆天然清供，人能取之不尽，使幽芳不致岑寂耳。

注释

[1] **韵致** 风韵气度。

[2] **不堪** 经不起。

[3] **佣贩之徒** 文指被雇佣来做兰花买卖的人。

[4] **妄立名目** 毫无根据的胡乱取名。

[5] **丰啬** 丰：高，大；啬：低，小。

[6] **好事之人** 一些爱管事（传播消息）的人。

[7] **关说** 代人陈说。即从中给人说好话。

[8] **性** 脾性，性情。

[9] **合志同方** 志向相同者。《礼记·儒行》："儒有合志同方，营道同术。"

[10] **贤愚竞逐** 贤：贤良方正；愚：愚昧无知；竞逐：争相追逐。喻花会上的各花相互争芳斗艳。

[11] **雅俗同之** 雅：雅人，即有文化者；俗：俗人，没文化者；同之：共同欣赏。

[12] **作伪心劳** 用尽心机作假骗人。

[13] **胪列** 陈列。

[14] **烘染** 渲染，衬托。

　　我曾见过四季兰（建兰），它的花和叶稍觉细小，香味比春兰要淡，其特点是四时有花。

　　近年所出现的洋兰，虽花大、叶茂、株壮，却没有香味，更没有好花的风韵，经不起赏玩。至于栽培方法，同本地兰几乎一样，唯一与之相差的，仅洋兰是喜肥之花。

　　近日，苏州兰界里流行着一种风气：花市上，那些被雇佣来专事兰花买卖的人，去花行以贱价买进原篓的兰蕙，拆开后，再零星地出卖。在整理篓花中，一遇上稍有点样子、可以把玩的花品，就把它们当作是奇珍。万一篓中真挑到了出色的上品，那就胡乱起上个好听的名字，漫天要价。如果数量有数株、数十株，那所出花价之高低，全看叶株的健壮与多少，这好像已成了花市自然形成的潜规则。

　　在新花旺季时，如果哪家兰花店铺得到了出色佳品，立刻就有一些专事搬弄信息的人，赶往各地艺兰名家那里，去告诉他们有关佳兰的消息，以促他们去求取。人们称这种好传事的人为"花蚂蚁"。

　　古人对兰蕙的情感，不过是表现在诗文方面，即使是喜爱它们的人，也仅是借以消遣自娱，满足一时之兴而已。现在却有了志同道合者，自发聚会一起，对好花能共同鉴评，各抒己见。每年春天农历二三月里，举办花展，佳花争芳斗艳，雅人俗人可以同赏。哪里只是说明物之盛衰有时，更是爱兰之风在民间不断扎根的必然证明。影响之广泛，恰似兰香争送十里。

　　盆栽蕙兰，须选大块，且根株要完整、健壮，来年才能见到复花。现今兰市，有人挑选出花、壳、根、叶等相似的兰草，然后把它们合并一起，以充大块。甚至折来好花的花苞，把它们插入到兰株中。

　　又有人不顾花苞壳色不同，将许多有花苞的小丛碎草，扭合成有十几个花苞的一大束，十分可观，称为"立花"。还有人把蕙兰小花苞箱下，选花瓣阔狭相当的，把它们拼在一起。要知素花容易分辨，花瓣却难以辨别！种种的弄虚作假，真是费尽了心机！你不可不知本书前面"花之助"这一条。以上所举数例，不能做到详尽。因此再向读者重申一遍。

每到开花时节，各家搬出镇苑之宝来参展，陈列着很多上品名花，真让参观的人目不暇接，心中感到愉悦和满足。站在花旁赏花，使人犹感自己虽在花旁，却好似与展台上的佳花排列在一起之感。

人常说：花不在多，而在好。如果能旁加衬托之物，那就使好花更增添了神采。和兰同时开花的，有梅花跟水仙；和蕙同时开花的有白桃及踯躅（杜鹃花）。它们具备花色秀雅的特质，可将它们瓶插或盆栽于雅室，有像用绘画技法渲染、烘托那样的效果，这就是用花来衬托花的方法。至于植上几枝纤细的竹子，犹怀抱幽远的隐士风范；配上几朵称三秀的灵芝仙草，犹仙道返璞归真的灵动风骨。用这些东西来加以映衬，尤需重视那些只草无花的盆栽，以营造出草木滋润、生机勃发、清幽秀美的气氛；可带动整个环境，洋溢起自然的天趣。竭尽努力，务使兰花不会感到寂寞！

（五）

附：花草之可与兰蕙并植者，并录滋养之法于各条之下。

绿萼梅、玉蝶梅：插瓶宜腌猪肉汁[1]。

水仙：瓶中宜盐水养，犯铁器[2]则不开花。

千叶白碧桃：如作瓶供，将折处削尖，插于芋头或萝卜上[3]，然后入瓶。

杜鹃：一名红踯躅，性喜阴而恶肥，每早以河水浇之，置树阴下，则叶青翠。切忌粪水，宜浇豆汁[4]。

建竹、凤尾竹：用瘦砂栽种，不可浇肥。五月十三为竹醉日。八月初八日及每月二十日，皆可分盆移种。竹枝插瓶，瓶底加泥一撮。

灵芝：黄紫二色者山中常有，坚实芳香、叩之有声。初采者用箩盛，饭甑[5]上蒸熟、晒干，藏之不坏。须将锡作管套根，插水瓶中则不朽，上盆亦用此法。

菖蒲：盆种者用金钱、虎须、香苗三种。性喜阴湿、畏尘垢油腻、尤畏热手抚摩，宜用线卷小杖，时挹其叶[6]。霜降后，须藏密室，或以缸盖之，不见风雪。至春始出外。岁久不分，细密可爱。种诀云：添水不换水，见天不见日；宜剪不宜分，浸根不浸叶。又云：春迟出，夏不惜；秋水深，冬藏密。

黄山松：一名千岁松，产于天目。性喜燥，又宜向阴背日，不令见肥，则不长大[7]。

虎刺：产萧山者佳。畏日喜阴，忌粪水，并人口中热气。宜浇梅水[8]及冷茶。

黄杨：枝丛叶繁、四时常青，可供盆玩。

 注释

[1] 瓶插宜腌猪肉汁　腌肉汁有盐，今人看来似觉古怪，实是不可试用。

[2] 犯铁器　此处意在说明铁器不可以插水仙。

[3] 插于芋头或萝卜上　芋头、萝卜，皆有水分和养料，此办法真妙。

[4] 切忌粪水，宜浇豆汁　杜鹃喜半阴光照，用肥以豆汁水为佳、可使花繁叶茂，人粪尿要腐熟，慎用。

[5] 饭甑　古人用竹、木制作的桶状工具，套在锅上，可蒸食物。

[6] 时挹其叶　挹（yì）：挹注。比喻从注水的棉卷中补水给菖蒲。

[7] 不令见肥，则不长大　为了保持盆景树形的高度和姿态，不能施肥，才能抑制长大。

[8] 梅水　是梅雨季节积贮下的"天落水"。

今译

略。

《第一香笔记》卷四

清·吴郡朱克柔辑著
信安·莫磊 瑞安·王忠 译注校订
信安·郑黎明审校

引 证

山谷记云："兰似君子，蕙似士大夫，大概山林十蕙而一兰也。《离骚》曰：'既滋兰之九畹，又树蕙之百亩。'则知楚人贱蕙而贵兰矣！兰蕙丛生，莳以沙石则茂，沃以汤茗则芳，是所同也。至其一干一花而香有余者，兰也；一干五七花而香不足者，蕙也。""余居保安僧舍，开牖[1]于东西，西养蕙而东养兰，观者必问其故，故著其说。"

邱愚山作《牡丹志》，引众花为辅，而不及兰蕙，可谓见识浅陋。抑以清品不敢亵慢耶。

张景修"十二花客"[2]，以兰为幽客。

勾践[3]种兰渚山，王右军兰亭[4]是也，今会稽山甚盛。

余姚县西南，并江有浦[5]，亦产兰，其地曰"兰墅洲"[6]。自建兰盛行，不复齿及[7]。移入吴越辄凋[8]。有善藏者售之，辄得高价，而香终少。见《越绝书》[9]

浙江兰溪县兰阴山，多兰蕙。

武义菊妃山，多兰菊。

湖北蕲州[10]，有兰溪，其侧多兰。

南昌府宁州[11]，内有石室，北多兰苣。

兰江在澧州[12]，又名佩浦，地多兰蕙。

叙州府石门山[13]，产兰凡数种，又名兰山；兰山在蜀叙州，兰生于深林。

（以上见《图经》及《群芳谱》、《花史》各书）

近来出兰蕙处，携贩至苏门[14]者，徽浙[15]居多。其各山采产无常，或此山竭取[16]复至他山，搜罗殆遍[17]。近如阳羡山中，则鲜好花。

刘次庄[18]《说乐府》，又引《离骚》'秋兰兮青青，绿叶兮紫茎'。以为沅澧[19]所生，花在春则黄，在秋则紫，春黄不若秋紫之芳馥。"《花史》

叶如莎，首春则苗其芽，长五六寸，其杪作一花，花甚芳香。见《花史》

水仙、瓯兰之品逸，宜磁斗绮石，置之卧室幽窗，可以朝夕领其芳馥。《花镜》

宋罗畸[20]元祐四年[21]为滁州刺史[22]，治廨宇[23]，于堂前植兰数木，曰："予之于兰，犹贤朋友，朝袭其馨，暮撷其英[24]；携书就读，引酒对酌。"《合璧事类》

吴孺子[25]藏兰百本，静开一室，良适幽情。见《唐书》

唐龙朔年改秘书省[26]曰兰台，秘书郎[27]曰省郎。见《唐书》

东坡云[28]："清泉寺在蕲水[29]郭门外二里许，有逸少[30]洗笔泉，水极甘，下临兰溪，水西流。"故其词有"山下兰芽短浸溪"

之句。

颜师古[31]兰赋："惟奇卉之灵德，禀国香于自然。洒嘉言而擅美，拟贞操以称贤。咏秀质于楚赋，腾芳声于汉篇。"

王凤洲[32]作张应文[33]《续兰谱》序云：南中花木，意亦不大好之，顾独好兰，而不甚晓其事[34]与所以滋培之理。友人有见贻者[35]，至冬辄萎败[36]，亦任之而已。今从张君谱，稍得其事与理。

方宇作《兰馨传》云："姓兰名馨，字汝清，号无知子。始祖国香，草姓也。"其传颇委曲有致，兹不备录。

《群芳谱》[37]云："紫茎赤节，苞生柔荑[38]，叶绿如麦门冬，而劲健特起，四时常青，光润可爱。一荑一花，生顶端，黄绿色，中间瓣上有细紫点。幽香清远，馥郁袭衣，弥日不歇。常开于春初，虽冰霜之后，高深自如。故江南以兰为香祖。"又云："兰无偶，称为第一香。"

《楚辞》言兰蕙者不一，诸释家俱为香草，而非今所尚之兰蕙。窃谓如"兰畹蕙晦"[39]，"泛兰转蕙"[40]，"蕙蒸兰藉"[41]，以及"蕙华曾敷"[42]（曾：重也），言兰必及蕙，连类并举，则为今之兰蕙无疑。不然香草甚多，类及者何不别易他名，而独眷眷于此？惟骚人撷秀扬芳[43]，爱其幽贞，不禁言之反覆。其他蒙茸芳草[44]，不过偶一及之，若遁斋、荩臣[45]诸说，未可据为定评矣。

汪讱庵《本草注》[46]云："山兰为花中上品，古今评者，列之梅、菊之前。"至于纫佩，为骚人托兴之辞[47]。即引制芰荷以为衣[48]，集芙蓉以为裳[49]，以证今之兰蕙，未尝不可纫佩。其说近是，故并录之。

按旧说，有春兰、秋兰之名，或谓有至秋复芳者。以今考之，兰芳于春，名副其实；蕙继之，开至立夏而止，尝名夏兰；至于建花入夏而开，至秋尚茂，则当名秋兰。如此，则诸兰之名目，可以定矣。

《汗漫录》载："摩诘贮兰蕙，用黄磁斗，养以绮石，累年弥盛。"诗云："婆娑靖节窗，仿佛灵均佩。"其视屈子所言之兰，非若后人之以非兰为兰，明矣！

再按《九歌》春兰秋菊并称，上文有"传葩代舞"之句。紫阳《集注》谓："春祠[50]以兰、秋祠以菊，即所传之葩也。"如此犹得指为香草，而谓非今所尚之兰耶。

欧阳公[51]《洛阳牡丹记》云："至牡丹则不名，直曰花。其意谓天下真花独牡丹，其名之著，不假曰牡丹而可知也。"吾于兰蕙亦云。

《荆楚岁时记》[52]："大寒三信——瑞香、兰花、山矾。"所谓二十四番花信是也。

钱塘田艺蘅[53]，大书粉牌悬花间，有"名花犹美人，可玩不可亵"之语，真能爱护者矣！今所用花牌，插于盆内，将花之名目书之，并记栽种年月。庶花多者，得有稽考，不致混淆。

古人如彭泽好菊[54]、濂溪爱莲[55]、白香山养竹[56]有记，宋广平梅花作赋[57]，下此则《牡丹谱》、《芍药谱》、《梅竹谱》、《菊花谱》、《灵芝谱》、《建花谱》，各有专家。至于兰蕙，自唐宋历朝，诸人之见于歌咏者甚多，独无专谱行世。则此游戏之作，或未免于好事欤。

李太白[58]诗："若无清风生，香气为谁发"，喻人有引进之意，然已失兰之品矣！不如梦得[59]"兰在幽林亦自芳"句，独占身分。

至杨诚斋[60]"健碧缤缤叶，斑红浅浅芳"[61]，真可谓味同嚼蜡。

注释

[1] 开牖　牖（yǒu）：窗户。

[2] 张景修　约公元1090年前后在世，字敏叔，常州人。平生作诗几千篇，有《张祠部集》。热爱花花草草，有十二客之说，"以牡丹为贵客、梅花为清客、菊花为寿客、瑞香为佳客、丁香为素客、兰花为幽客、莲花为净客、桂花为仙客、茉莉为远客、蔷薇为野客、芍药为近客、荼蘼为雅客"。

[3] 勾践　亦名句践（约公元前520-前465年），春秋末年越国国君，公元前497-465年在位，被吴大败，屈服求和。他卧薪尝胆，刻苦图强，十年生聚，十年教训，终于灭亡吴国。在徐州大会诸侯，成为霸主。

[4] 王右军兰亭　王羲之（321-379年），东晋书法家，字逸少，琅邪临沂（山东）人。官至右军将军，会稽内史，人称王右军。工书法，博众长，字势雄强，为历代书法家所崇尚。因与王述不和，辞官定居会稽山阴。曾邀社会名流、书法家，以三月三上巳日，在兰亭修禊，行曲水觞咏活动。

[5] 江有浦　浦：水边。即江河两岸。

[6] 兰墅洲　系今称的"兰墅公园"，姚江在这里分流为"兰江"和"蕙水"。

[7] 不复齿及　口中已不再常常提到。

[8] 移入吴越辄凋　吴越：指江苏、安徽、上海及浙江等地域。辄（zhé）：总是；凋，衰落。犹言建兰在上述地方不易种活。

[9] 越绝书　是杂记春秋战国时期吴越两国地方史的杂史，共十五卷，被誉为"地方志鼻祖"，憾早已残缺不全。

[10] 蕲（qí）州　湖北长江以北、巴河以东地区的蕲水流域，今称蕲春县。

[11] 宁州　在江西西北部，今为修水县。

[12] 澧州　湖南北部、澧水下游，今为澧县。

[13] 叙州府石门山　叙州府是今四川省宜宾市的旧称，辖境为大凉山、雷波、富顺、隆昌等地。石门山在宜宾南部的高县境内。

[14] 苏门　苏州古称。

[15] 徽浙　指安徽和浙江。安徽西南和浙江东南之地盛产兰，形成有人专事买卖兰花的职业。

[16] 竭取　竭：尽，全部。犹言兰花资源枯竭。

[17] 搜罗殆遍　搜罗：寻求；殆：接近；遍：尽，穷极。

[18] 刘次庄　字中叟，晚号戏鱼翁，北宋潭州长沙人，以书法闻于世，最妙小楷，能诗文，编《乐府集》十卷、《乐府集序解》一卷。

[19] 沅澧　湖南西北部的沅江、澧水一带，也泛称湖南。

[20] 罗畸　（约1056-1124年），字畴老，福建沙县人，宋熙宁九年（1076年）中进士，任福州司理，因得罪上司派来的使者而辞职返乡。翌年出任安徽滁州司法。

[21] 元祐四年　即公元1089年，系宋哲宗年号。

[22] 滁州刺史　滁州，相当于今安徽东部的滁州市。刺史：官名。宋时，刺史与太守均为知州的别名。

[23] 廨（xiè）宇　官吏办事的地方。

[24] 朝袭其馨，暮撷其英　袭：袭逮；撷：摘取。言清晨可吸取兰的芳香，晚间能欣赏花的美丽。

[25] 吴孺子　明浙江兰溪人，一作金华人，字少君，家本富有，中年丧妻后，弃其产，购法书名画，游江湖间。好《离骚》、《老子》、《庄子》，长于鉴别古物，工诗，善画鸡鹜水鸟。后居僧寺，隆庆末卒。

[26] 唐龙朔年改秘书省　龙朔年：661-663年；秘书省：官署名，负责典司图籍工作。唐时领太史、著作二局，后改称兰台。

[27] 秘书郎　官名，掌管图书经籍。后改称省郎。

[28] 东坡　北宋文学家、书画家苏轼（1037-1101年），字子瞻，号东坡居士，眉山（四川）人，嘉祐进士，为唐宋八大家之一。

[29] 蕲水　旧州名，在湖北南部蕲春县。

[30] **逸少** 王羲之，字逸少。谓蕲州的清泉寺内有溪水流过，相传称"洗笔泉"处，晋代书法大师王羲之曾在此处洗过笔。

[31] **颜师古** 唐代训诂学家，陕西西安人，官至中书郎，作有《汉书注》等许多文字考证和订正工作。

[32] **王凤洲** 王世贞（1526-1590年），字元美，号凤洲，又号弇州山人，明代南直隶苏州府江苏太仓州人，22岁中进士，官至南京刑部尚书，卒赠太子少保，著有《弇州山人四部稿》、《弇山堂别集》、《觚不觚录》等。

[33] **张应文** 张应文（1524-1585年），字茂实，明书画家、藏书家，上海嘉定人。监生，屡试不第，乃一意以书画、古器自娱，与王世贞是莫逆之交。善属文，工书法，富藏书，长画兰竹，旁于星象、阴阳。著有《清河书画舫》十二卷、《清秘藏》二卷、《天台游记》、《国香集》、《洛中牡丹谱》及《续兰谱》等。

[34] **不甚晓其事** 不懂得其中的知识、道理。

[35] **见贻者** 见：看到；贻：赠送。

[36] **至冬辄萎败** 辄（zhé）：总是。言所种兰花，到了冬天总是枯萎。

[37] **群芳谱** 中国明代介绍栽培植物的著作，全称《二如亭群芳谱》。明代王象晋编撰。王象晋（1561-1553年），字荩臣，又字子进，号康宇，自称明农隐士，山东新城人，万历三十二年（1604年）进士，官至浙江石布政使。约于1697-1627年间，象晋督率佣仆经营园圃，积累了一些实践知识，并广泛收集古籍中的有关资料，用十多年时间编成此书。全书共三十卷，初刻于明天启元年（1621年），后有多种刻本流传。

[38] **苞生柔荑** 花苞柔软状。

[39] **兰畹蕙畮** 词出《楚辞·离骚》："余既滋兰之九畹兮，又树蕙之百亩。"畮，同亩。

[40] **泛兰转蕙** 原文是"光风转蕙泛崇兰些"。意谓春雨后，轻风中，兰与蕙生长一片繁茂。并非是重兰轻蕙之意。

[41] **蕙蒸兰藉** 此语出自屈原《九歌·东王太一》："蕙肴蒸兮兰藉，奠桂酒兮椒浆。"指用最好的祭品敬祀天地。蕙、兰、桂、椒是屈原诗歌里常赞的香

草，具有高洁的象征意义。

[42] 蕙华曾敷　词出《楚辞·九辩》："窃悲夫蕙华之曾敷兮，纷旖旎乎都房。"

[43] 撷秀扬芳　撷（xié）：采摘；扬：赞颂、传扬，犹言颂扬的声誉。

[44] 蒙茸芳草　指香草纤嫩茂密。

[45] 遁斋、荩臣　遁斋：指宋人陈正敏，字遁斋；荩臣：指《群芳谱》作者王象晋，字荩臣，又字子进，号康宇。

[46] 汪讱庵《本草注》　汪昂（1615-1694年），字讱庵，清初著名医学家，安徽休宁城西门人，编著有《医方集解》、《草木备要》、《汤头歌诀》《本草备要》等，流传甚广。

[47] 托兴之辞　借物寄托情趣。

[48] 制芰荷以为衣　芰（jì）：刚露出水面的荷叶。意思是用荷叶制作成上衣。

[49] 集芙蓉以为裳　采集荷花花瓣，以缝制成下装。

[50] 祠　祭祀。

[51] 欧阳公　欧阳修，北宋文学家、史学家，江西吉安人，为"唐宋八大家"之一。

[52] 荆楚岁时记　记录中国古代楚地的岁时节令、风物故事的笔记体文集，由南北朝梁宗懔（约501-565年）撰。全书共37篇，记载了自元旦至除夕的二十四节令和时俗。

[53] 钱塘田艺蘅　钱塘：杭州；田艺蘅：字子艺，明代文学家。下句出自其作《留青日札》之《别花人》："余尝于开花日，大书粉牌，悬诸花间，曰名花犹美人也，可玩而不可亵，可爱而不可折……"

[54] 彭泽好菊　晋人陶渊明，曾在江西彭泽县当过县令，后由于不满朝政腐败而去职归隐，过着种花种瓜的田园生活。他生前最爱菊花，有"采菊东篱下，悠然见南山"的诗句。

[55] 濂溪爱莲　周敦颐，北宋哲学家，湖南道州营道县人，因筑室于庐山莲花峰下"濂溪"上，后人称他为"濂溪先生"。生前十分爱莲，写有《爱莲说》一文。

[56] 白香山养竹　唐代诗人白居易，字乐天，晚号香山居士，山西太原人，贞

元进士授秘书省校书郎，长庆初年任杭州刺史，生前喜爱竹子。

[57] **宋广平** 宋璟（663-737年），字广平，河北邢台市南和县阎里乡宋台人，璟少时博学多才，擅长文学，弱冠中进士，唐开元十七年拜尚书右丞相。

[58] **李太白** 李白，唐代大诗人，字太白，号青莲居士。

[59] **刘梦得** 刘禹锡，字梦得，唐代文学家、哲学家，河南洛阳人，贞元进士。

[60] **杨诚斋** 杨万里（1127-1206年），字廷秀，号诚斋，南宋诗人，江西吉水人，绍兴二十四年进士，历任国子博士、太常博士、太常丞兼吏部右侍郎和吏部员外郎等职，与陆游、范成大、尤袤并称"南宋四大家"。

[61] **健碧** 形容兰花碧绿健壮貌。句出杨万里《咏兰》诗："健碧缤缤叶，斑红浅浅芳；幽香空自秘，风肯秘幽香。"

今译

山谷道人黄庭坚，在《书幽芳亭》和《封植兰蕙手约》文中说，兰若君子，蕙若大夫，山林中大致是十蕙而一兰也。《离骚》"种兰九畹，树蕙百亩"的句意中可见，当时的楚人看重兰而轻视蕙。

喜欢丛生，是兰蕙的本性，用砂石栽种，生长就会繁茂；用茶汤浇灌，开花定然很香。一干开一花、香气浓而持久的，这就是兰；一干开花五朵至七朵、香气稍逊于兰的，那就是蕙。

当时山谷居住在保安的一所寺庙里，房子的东西两边都开有窗，于是把兰养在东窗、把蕙养在西窗，以满足它们对光照与环境的不同需求。因为来看花的朋友中，常常有人提出为何如此管理的问题，所以他在自己的文中作了表述。

邱愚山编撰的《牡丹志》，内容涉及别花与牡丹的关系，却只字未提兰蕙，这实在是知识短浅的表现。张景修写的"十二月花客"中，把兰花比作幽客。

绍兴的渚山是句践种兰的地方，正是王羲之兰亭修禊之地，也就是今天的会稽山。至今，山上兰蕙仍是长得茂盛。

余姚县西南，有姚江，它的两岸也盛产兰蕙，在姚江分流二水之地，称名为"兰墅洲"，正由此得名。后来由于盛行养建兰，于是这些史实就慢慢从人们的口里淡出了。建兰在江浙一带栽植，极易枯凋萎败，因此一些有本领能种好它的人，便从中以高价出售。而莳养本地所产的兰蕙者，也由此日渐减少。见《越绝书》。

浙江的兰溪县，有著名的兰阴山，这一带山上，盛产兰蕙。

浙江武义的菊妃山，就因山上多兰菊而出名。

湖北的蕲水，有称作兰溪的一段水域，两岸长有很多的兰草。

江西南昌府的修水北侧称石室之地，也多有兰草和白芷生长。

湖南澧水的下游称兰江，又名佩浦，那里长有很多兰蕙。

四川南部宜宾高县石门山一带，那里兰花品种尤多，又名兰山。兰山在四川宜宾，兰生于深林中。

见《图经》、《群芳谱》、《花史》。

近几年来，出兰蕙之处的人来苏州做兰蕙买卖的，以浙江和安徽人居多。山上兰蕙，一经采挖，生长就难再跟上。他们常常是挖尽了这座山，再转到另一座山又挖，几年之后，大小山头的兰蕙资源已几乎殆尽。像阳羡（宜兴，是主要产兰区）山中，今天已是难再能见到好花了。

刘次庄说，《乐府集》以引用《离骚》中"秋兰兮青青，绿叶兮紫茎"的诗句为依据，认为沅澧（湖南）一带所生长的兰，春天开黄花，秋天开紫花；而且春天的黄花，不及秋天的紫花香。见《花史》。

另又有一种叶子如莎草，初春发芽，株高五六寸，梗顶开一花，气味相当芳香。见《花史》。

水仙花和春兰是名贵花卉。宜用黄砂盆，轻质小花石来种植，把它放在卧室的窗前，人能与它朝夕相伴，可以赏花闻香。见《花镜》。

宋朝人罗畸，他在元祐四年（1089）时，曾任安徽滁州刺史。在修整办公场所时，便在厅堂前空地上，栽种了数十盆兰花。他说，我视兰花为有德行的朋友。晨间，能闻得它们的花香；晚间，能欣赏他们的花美。在这里读书、饮酒，是多么惬意的事！《古今合璧事类备要》。

有位名叫吴孺子的读书人，他收集和培育了百盆名兰，还专门开辟了"芝兰之室"，他把兰当成顺心合意的朋友，常常对兰倾吐自己藏于内心深处的情感。见《花史》。

唐朝龙朔年（661-663年）间，唐高宗治理朝政，因崇尚国香兰花，他特将当时的秘书省改称为"兰台"，把秘书郎改称作"省郎"。

北宋文学家苏轼的《志林》一书中介绍，在湖北蕲水（今为蕲春县）城外约二里的山上，有座"清泉古寺"，寺内有一口"洗笔泉"，泉水清澈，味带甘甜，是晋代大书法家王羲之曾洗过笔的地方，本是东流的水，在这里与泉水汇流转折而成为缓缓西流，称名兰溪。因此他写了首《浣溪沙》词，内有"山下兰芽短浸溪，松间沙路净无泥"之句。

唐人训诂学家颜师古的《幽兰赋》有赞兰句，你是众花之冠，珍贵、神奇，天地把"花香一国"的美名赐给了你。人们以"独有之美"的言辞来赞赏你，又把你与贞操高洁的贤人相互作为比拟。《楚辞·离骚》赞颂你美丽、质朴、优异，《汉书》（左传）字里行间，流飞出你的声誉美好无比。见《群芳谱》。

王凤洲为张应文的《续兰谱》所作的序中说，对于南方所产的一些花木，我都不太喜爱，但对兰花，却特别喜欢，只是不懂得其中的知识和道理，以及浇水、施肥的方法。朋友送给的或留下的佳品，往往养到冬天就枯萎了，无法管护好它们，只好任其死活。现在读了张君编写的《续兰谱》之后，才初步明白了一些方法和道理。见《群芳谱》。

明人方宇为兰作传记：姓兰，名馨，字汝清，号无知子。始祖国香，草姓也……他以拟人的手法把无知的兰草，写得有人性、灵性。读来使人感到亲切而富含情趣。（中国林业出版社出版的《兰言四种译注》，内有原文介绍。）

《群芳谱》介绍兰说，茎紫节赤，花苞柔软，叶绿似麦冬，叶质硬劲，四季常青，油亮而可爱。一干一花，开花于梗端。瓣色黄绿，中间花瓣上有细紫点。幽芳清远，郁香持久。开于初春，虽几经冰冻，仍神态自若。所以江南人称兰为"香祖"。又说无他草可与兰匹敌，所以兰被称为"天下第一香"。

《楚辞》里对兰蕙的说法，往往前后意思不够统一。后来的各注释家作出的注释，则一律称为香草，又说古称之兰蕙，并非是今人所崇尚的兰蕙。我想，古人书中、文中所描述，如"兰畹蕙晦""泛兰转蕙""蕙蒸兰藉"和"蕙华曾敷"，这些话里都是言兰必带蕙，彼此关联，两者有相互依存的关系。所以毫无疑问，古兰蕙就是今兰蕙。要不然，香草有那么多，为什么不给那些相关联的、相混淆的另取个名字，而非得要恋恋不舍这两个字不可呢？

　　至于文化人爱兰蕙坚定的操守和宁静的心性，在诗文作品里、在词赋咏叹中，竭尽赞美和传扬的言辞，难免在表达中存在着这样那样矛盾的说法，而对于其他那些纤嫩的鲜花香草，只是偶然涉及而已。因此对于遁斋和荩臣等人（错误）的"兰说"，不可以作为评定的依据。

　　汪讱庵的《本草注》中说，山里所生长的兰蕙，是花中的上品，古今品评兰花的人，都把它们排行在竹和菊的前面。至于像"纫兰以为佩"这样的话，只是文人们使用的夸耀言辞。那么以《离骚》里"引芰荷以为衣、集芙蓉以为裳"（释：采荷叶、菱叶缝作衣，集荷花花瓣缀成裳）作例，证明今天的兰蕙并不是不可以被人纫佩。我觉得这种说法也有一定的道理，因此将它们记述在这里。

　　根据传统的说法，兰有春兰和秋兰之分，还有人说秋兰是春兰在春天开花后到秋天再开一次！现今，依据事实来看，春兰放花在春天，这是名副其实的。接着是蕙开花到立夏，所以有夏兰之称。至于建兰，它自进入夏天时开花，到秋天还能继续盛开，应当称名秋兰最为合适。如此这样，各种兰都应当可以定下名来了！

　　《汗漫录》记载，王维（字摩诘）栽兰蕙用黄砂素盆，以细小有花纹的石头作为植料，兰蕙年年都生长繁茂。王维有诗云："婆娑靖节窗，仿佛灵均佩。"（释：姿叶扶疏、气概安闲地临窗开放，仿佛是屈原纫佩着兰花的形象。）他认为屈原所说的兰，并不是后人以非兰而称名为"兰"的兰。

　　屈原在《九歌》里把春兰、秋菊并称，但上文尚有"传葩代舞"（释：承续美好，鼓励后人）之句。而紫阳（朱熹）在《楚辞集注》中，却把"春兰秋菊"释为：春天祭祀兰，秋天祭祀菊，就是要传续的花。由此得出兰指香草的结论，说是古兰不是今人所崇尚的兰花。

欧阳修的《洛阳牡丹记》里说，对于牡丹，不称其"牡丹"的名称而直接称其为"花"。这意思就是天下真正的花只有牡丹这一种，它的名称无人不知，不用借称"牡丹"的名称就知道说的是它。而我对兰蕙的深爱之情亦如此。

《荆楚岁时记》里，有"大寒三信：瑞香、兰花、山矾。"这就是在二十四个节气里，有不同花卉开放的消息。

明朝时，杭州文学家田艺蘅特做白漆木牌，上写大字"名花如美人，可玩不可亵"之句，悬挂花间，目的是让大家都来爱护这些花花草草。现今的花牌，插在盆边，写有花名和栽植年月，可以得到查考。以免因花的多杂而混淆不清。

古来有据可考的嗜花人很多，如陶渊明喜菊、周敦颐爱莲、白居易好竹，也有宋广平因爱梅而作《梅花赋》的。此后接着就有了《牡丹谱》、《芍药谱》、《梅竹谱》、《菊花谱》、《灵芝谱》、《建花谱》等，这些书的面世，都有专门的编撰人。至于兰蕙，自唐宋历代以来，可见到的都是名士骚人吟咏兰蕙的诗文，却独缺兰蕙谱专著面世。我拿出这样的游戏之作，未免是多事之举吧！

诗圣李白有诗句"若无清风吹，香气为谁发。"（寓意为：如果没有清明的君主来选拔提携，我一身的才华献给谁？）有殷切盼望被推荐提拔之意。这话已经失去了兰花如美人幽贞的品格节操，他认为兰是为清风才发香，明显有献媚之意。不比刘禹锡的"兰在幽林亦自芳"好，因为兰虽身在幽林（隐居）却仍能保持自芳（高洁）的本性。至于杨万里的"健碧缤缤叶，斑红浅浅芳"（释：兰叶碧绿繁盛，花上红斑鲜丽）之句，更是降低了兰蕙的身价，真可说是读来口里如同嚼蜡一般，十分无味。

附　录

燕闲清赏

（专论建花，凡栽兰蕙，亦可以意采取，其字句未妥者，有删改处）

（一）

天不言而四时行、百物生，盖岁分四时、生六气[1]，合四时而言之，则二十四气以成岁功。故凡在穹壤者[2]皆物也，不以草木之微，使之各遂其性者[3]，惟在乎人之乘气候而生全之也。夫春为青帝回驭[4]阳气，风和日暖，蛰雷一震，土脉融畅，万汇丛生，其气有不可得而掩者。是以圣人之仁[5]，顺天地以养万物，必欲使万物得遂其本性而后已。人之于兰亦然，故为台[6]太高则冲阳，太低则隐风；前宜面南，后宜背北，盖欲通南薰而障北吹[7]也。地不必广，广则有日；亦不可狭，狭则蔽气。右宜近林，左宜近野，欲引东日而被西阳。夏遇炎烈，则荫之；冬逢寒沍则曝之。下沙欲疏，疏则久雨不能淫[8]；上沙欲濡，濡则酷日不能燥[9]。至于插引叶之架，平护根之沙，防蚯蚓之伤，禁蝼蚁之穴，去其莠草，除其丝网，助其新篦[10]，剪其败叶，此则爱养之法也。其余一切蠹虫族类，皆能蠹害[11]，并宜除之。所以封植灌溉之法，详载于后。（天下爱养）

[1] **六气** 指阴、晴、风、雨、晦、明等不同的自然现象。

[2] **在穹壤者** 天地间的一切东西。

[3] **各遂其性** 遂：顺。指都要顺应它们各自的脾性。

[4] **青帝回驭** 青帝：春神。《尚书纬》："春为东帝，又为青帝。"青帝是古代神话中的五大天帝之一。此句意为春回大地。

[5] **圣人之仁** 儒家的道德范畴，《说文·人部》："仁，亲也。"指人相亲相爱。

[6] **为台** 高而平的建筑物。指摆兰花的平台。

[7] **通南熏而障北吹** 熏：和暖的南风。意思是可吹进南风、挡住北风。

[8] **疏则久雨不能淫** 淫：过多、过甚的雨水。言盆土疏松就不会积水。

[9] **濡则酷日不能燥** 濡：潮湿。言盆土湿润就不会使兰株干渴。

[10] **新篯** 新长的苗株。

[11] **蠹害** 受小虫的破坏。

今译

　　大自然默默无语，周而复始地运转在一年四季的时空里，它哺育着万物生长。每年都有春、夏、秋、冬四季，又有阴、晴、风、雨、晦、明等不同的天气变化，这便构成了一年二十四节气。凡存在于天地之间的都是客观存在的物体，草木虽卑微却也是宇宙之物。要使它们能顺应其性生长得好，就要靠人根据气候特点去保全和照顾它们。每当春回大地，气温一天比一天地暖和起来，初发的春雷一响，大地复苏，万物生长茁壮，其气势不可阻挡。以圣人所倡导的相亲相爱，顺应自然规律使万物生长，必须使万物顺应各自的习性才可以。人与兰的关系也正是这样。所以兰台的位置和高低一定要筑得合适，如太高会造成阳光过强，太低又会挡风而致空气流通不畅。总是以前面朝南、后面朝北为好，这样可通南风而挡北风。地面不宜过于宽广，太广有太阳反射；也不可太狭，太狭则会遮挡气流。右边最好有树林，左边最好是旷野，这样可以迎来东边的阳光而避去酷烈的西晒。夏遇烈日要遮阴，冬天寒冷要多晒太阳。底部盆泥宜略粗而疏松，这样即使是久雨也不致浸水；盆面泥土叵略细湿，这样即使在阳光下也不致使盆泥一下就干燥。至于插引叶架、加护根沙、防蚯蚓和蝼蚁以及拔草、剪枯叶等都是爱护、养护兰花的方法。其他的有巢的昆虫，都可蛀害兰花，应除去。栽培和浇灌的方法将详细写在后面。

（二）

草木之生长，亦犹人焉，何则？人亦天地之一物耳，闲居暇日，优游逸豫[1]，饮食得宜，泰然自适。以兰言之，一盆盈满，自非六七载培植，莫能至此。皆由人爱养之念不替，灌溉之功愈久，故根与壤合，然后森郁雄健，敷畅繁宣[2]，盖有得之自然而然者。合焉欲分而析之，是裂其根荄[3]，易其沙土。况或灌溉之失时、爱养之乖宜，又何异于人之饥饱无节！则燥湿干之，邪气乘间，入其营卫，致不免于侵损。所谓向之寒暑适宜、肥瘦得时者，此岂一朝一夕之所能仍其旧哉。故必于寒露之后，立冬之前分之，盖取万物归根之候，而其叶则苍、根则老故也。或者于此时分一盆吴兰，吝其盆之端正，不忍击碎，因剔出而根已伤，暨三年培养，犹至困惫，于今深以为戒。欲分其兰，须碎其盆。然后逐箆蒌[4]内取出积年腐芦头，每三箆作一盆，盆底先用沙填之，即以三箆蒌互相枕藉[5]，使新箆在外作三方向，却随其花性之肥瘦，用沙土从而种之，盆面以少许瘦沙覆之，以新汲水一勺以定其根。更有收沙、晒沙之法，此又分兰之至要者。预于未分前半月，取土筛去瓦砾、曝令干燥，或欲适肥，则于泥沙可用，使粪夹和晒之，俟干复湿，如此十度，视其极燥，更须筛过，随意用之。盖沙乃多年流聚、杂居阴湿之地，久晒则得阳光，兰之骤尔而分析失性，假阳气助之，则来年丛篦自长，与旧叶比肩，此其效也。苟[6]不知收晒之宜，用彼[7]积掩之沙，或惮披曝[8]，必至羸弱而叶黄者有之、不发者有之。积有日月，不知体察，其失愈甚。及其己觉方，始涤根易沙、加意调护，其能复不亦后乎，抑不知其果能复焉！如其稍可全活，又几何时而获遂其本质耶。故为深爱惜之，特为之言曰：与其既损之后而欲复全其生意，宁若于未分之前而预全其生意，岂不省力！（坚性封植）

注释

[1] **优游逸豫** 生活安闲。

[2] **敷畅繁宣** 敷：足够；宣：传播。言兰株不断发展壮大。

[3] **裂其根荄**（gāi） 指兰花分株时要把根株扯开。

[4] **篦薆**（bìcóng） 篦：单株；薆：聚集；丛集。

[5] **枕藉** 相连一起；即几株兰草连体成丛，亦称一丛或一块。

[6] **苟** 如果；假使。

[7] **彼** 那个。

[8] **或惮披曝** 惮：怕，畏惧；曝：晒在阳光下。说担心泥土被阳光过分暴晒。

今译

　　草木生长其实跟人一样，为什么这么说呢？因为人也是整个大自然中的一部分，人们可以安闲舒适地生活在大自然的怀抱里。但对于兰蕙来说，要使它能长成满满的一盆，却必须要有六七年的工夫不可，人不论如何地爱护也无法替代它们的生长过程。栽培的时间久了，根和盆土才能密切结合一起，以使它能生长得壮实繁茂和不断地繁衍发展，这全得依靠自然。

然而兰蕙种在一起，苗株过多了就要分栽，要扯开根株、要更换新泥来种。浇水不当，就会像一个饥饱缺少节制的人一样。燥湿关系处理不当，病虫害就会乘机入侵而使兰蕙由此受损。所以要求能做到冷暖得宜和肥瘦得时，但这本领哪里是一下子就可以掌握得好的！

按照传统的种植方法，一定要在农历寒露以后、立冬之前做好翻盆、分苗的工作。这是取其秋时植物营养由全身回贮根部的时候，而且此时叶苍绿，且根老旧。我曾经在这个时候分过一盆建兰，当时舍不得打破那只盆子，采取了剔土、脱盆、取兰株的办法，结果在剔土时伤及到兰根。后来经过了三年的努力培养，却仍然无法使其恢复精神，此事至今仍作为深刻的教训。因此，兰蕙要分株，必须先打破老盆再取出腐烂的老鳞茎。然后掰成三株为一丛种成一盆，盆底先加上些沙，使三株兰草相互依靠在一起，使新栽的盆中的兰草叶向外朝向三个方向。根据其花的特性是否喜肥而用沙土进行栽种。加满肥土后盆面再盖些瘦土，并用一勺清洁水作为"定根水"来浇。

有一种处理植料称为"收沙、晒沙"的办法，更是分株、翻盆方面尤显重要的工作。在打算分盆的半个月前，取所需泥土过筛，去除瓦砾石块，在太阳下暴晒使其干燥，若想施肥，则把这泥沙用粪拌和后再晒太阳，泥干了再加水后再暴晒，这样要反复十次，看泥土非常干燥了再过筛一次后备用。这种泥沙曾多年堆积在阴湿的地方，在阳光中经过久晒就会得到暖气（按：生长之气），当兰由于分株而生长不良的时候，借助此土中的生长之气可使来年芽草生发得特别苗壮，长势可与未分株前的相比肩。这就是此法的功效。如果你不懂得晒泥的方法，随便挖点堆在什么地方的泥土，又不经日光下好好暴晒消毒，必然会导致兰株黄瘦和新草不发。时间拖久了如仍没有及时发觉处理，就会造成更严重的后果，等到发现问题才去洗根和更换新泥、再去重视调护工作，不知是否还能得以挽救。即使勉强还能救活，又不知什么时候才能恢复健康生机！所以特别强调：与其受损之后想方设法去恢复它的生机，宁可在没有分株前就注意防护方面的工作，这样不是更为省力？

（三）

　　夫兰自沙土出者各有品类，然亦因土地之宜而生长之。故地有肥瘠，或沙黄土，赤而瘠；或沙濡土，润而肥。有居山之巅[1]、山之冈[2]，或近水、或附石，随地而产之。要在度其性何耳，不可谓其无肥瘦也。苟不能别白何者当肥、何者当瘦，强出己见，混而肥之，则好膏腴[3]者因而得其所养，花则转而繁、叶则雄而健，所谓好瘦者，有不因肥而腐败，吾未之信也。

　　一阳生于子，荄甲潜萌[4]，我则注而灌之，使蕴诸中者稍获强壮，迨夫[5]萌英迸沙[6]，高未及寸许，便从灌之，则截然而卓簪。暨南薰之时长养万物，又从而喷润之，则修然而高、郁然而苍，若精于感通者也。秋八月之交，骄阳方炽，根叶失水，欲老而黄，此时当以濯鱼肉水或秽腐水浇之，过时之外，合用之物，随宜浇注，使之畅茂，亦以防秋风肃杀[7]之患，故其叶弱，拳拳然抽出，至冬至而极。夫人分兰之次年，不发花者，盖[8]有泄其气则叶不长尔，凡善于养花，切须爱其叶，叶犖则不虑其花不发也。（灌溉得宜）

注释

[1] 巅　山顶。

[2] 冈　低平的山脊。

[3] 膏腴　指土壤肥沃。

[4] 荄甲潜萌　荄（gāi）：根；甲：苞壳、芽壳。意言花芽初生时衣壳上特征不明显。

[5] 迨（dài）夫　等到那个。

[6] 萌英进沙　花朵开放。

[7] 秋风肃杀　秋风吹来，气温突然寒冷。

[8] 盖　这是、那是。

今译

　　兰蕙生长在泥沙里，不但品类不同，而且适应它们生长的土壤也有所不同。这些土壤所含的肥分也不一样，沙黄土色红而肥分贫瘠；沙濡土肥沃而富含水分。它们有的在高山的顶上，有的在低平的山脊，有的在近水之处，有的在石隙之中。所以我门必须了解它们的性状，不可认为泥土是没有肥瘦之分的。

　　当你不会区别肥土与瘦土之时，有人说不妨可将它们混在一起来种兰，这样喜欢肥的，可得到充足的养分，使花多、叶健；喜欢"清淡"的也不会因太肥而使根叶致病。这种说法虽有人做，但我觉得似乎欠妥。

　　一天，见兰丛中有一芽初萌，自此便加意培护，让它在株丛中得到哺育、长得强壮，等待着开花的那一天。在它长到寸把高的时侯，仍继续给予关爱，不久便直立着一个玉簪般的花苞，在万物苏生、南风和煦的时日里，它终于长高放花。欣赏着挺秀的嫩绿花朵，心里油然生起一个念头：这兰花好似有通人心的灵气！

　　在骄阳似火的秋日里，兰根容易失水而使叶色泛黄，这时可用鱼肉水或腐熟的淡淡的沤肥水来浇，兰室内及周围环境都要喷水、保持湿润，使兰株生长充实，有利于增强它以后抵御寒冷的能力。在气温逐渐变冷的时候，新长的兰株叶子短小瘦弱，到了冬至时便停止生长。

　　有人在前一年所分栽的兰株，到了来年还不能起花，那是因为在翻盆、分栽时伤了兰的原气，致使叶子老不会再长大。所以凡是善于栽培兰蕙的人都知道"惜叶"的道理，只要能把叶子养得健壮美观，就不愁它们不会发花。

《花史左编》建兰三法

　　盆内先以粗碗碟覆之于底，次用浮炭铺一层，然后用泥薄铺炭上栽之。糁泥壅根[1]如法，不可以手捺实[2]，使根不舒畅、叶不发长、花亦不繁茂矣！干湿依时，用水浇灌。盆下有窍[3]，不可着泥地，恐蚯蚓蝼蚁入孔伤花根，故盆须架起，令风从孔进，透气为佳。（栽法）

　　须九月节气[4]，方可分栽，分时用手劈不开，将竹刀挑剔泥松，不可拔伤根本。十月时候花已胎孕[5]，不可分种。若见霜雪大寒，尤不可分，否则必至损花。（分法）

　　或河水、池塘水或积雨水、或皮屑、鱼腥水都佳，独不可用井水，以性冷故也。灌时须四畔匀灌，不可从上浇下，以致坏叶。四月有梅雨不必浇，五至八月须早五更或日未出浇一番，黄昏浇一番。又须看花干湿，湿则不必浇，恐过浇根烂也。叶黄用苦茶浇之。（浇法）

　　用肥之时，当俟[6]沙土干燥，遇晚方始灌溉。俟晓以清水碗许浇之，使肥腻之物，得以下渍其根[7]，自无勾蔓逆上[8]、散乱盘盆之患。更能预以瓷缸之属储蓄雨水，积久色绿者间或灌之，其叶浡然挺秀[9]、跃然争茂[10]、盈台簇槛[11]、列翠罗青[12]，纵无花开亦见雅洁。《群芳谱》

　　王敬美[13]云：建兰盛于五月，其物畏风畏寒、畏鼠畏蚓畏蚁。其根甜，为蚁所逐，养者常以水衁[14]隔之，不令得入。予作一屋于竹林南，外施两重草席，坎地令稍深，贮兰于其上，无风有好日，开门曝之。所蓄二三十盆，无不盛花者。其种亦多，玉魷为第一，白干而花上出者。次四季、次金边，名曰兰，其实皆蕙也。闽产为佳，赣州兰花不长劲，价当减半。

浇建兰用雨水、河水、皮屑水、鱼腥水、鸡毛水、浴汤，夏用皂角水、豆汁水，秋用炉灰清水，最忌井水。

养兰口诀，分十二月，每月七言四句歌一首，兹不备载。

忽然叶生白点，谓之兰虱，用竹针轻轻剔去。如不尽，用鱼腥水或煮蚌汤频洒之即灭；或研蒜和水，新羊毛笔蘸洗去。如盆内有蚓，用小便浇出，移蚓他处，旋以[15]清水解之。如有蚁，用腥骨或肉引而弃之。（同上二则俱《群芳谱》）

建兰产自福建，花之名目甚多，或以形色、或以地里、或以姓氏得名，若年久苗盛盈盆，至秋分后可分种。如梅雨连朝，则水太多，一遇烈日热蒸，则根必烂，须移阴处。《花镜》

注释

[1] **糁泥壅根** 糁（sǎn）：颗粒；壅（yōng）：把颗粒土培盖在植物根上。

[2] **以手捺实** 捺（nà）：用手轻轻用力按实。

[3] **有窍** 窍：窟窿；指花盆底部的排水孔。

[4] **九月节气** 指二十四节气中秋天的白露和秋分两个节气。

[5] **花已胎孕** 指秋天兰蕙已分生出了花苞，如人怀孕，古亦称孕蕊。

[6] **当俟** 俟（sí）：等候、等待。意为应当等待。

[7] **下渍其根** 渍（zì）：沾上；指施肥时肥料与兰根接触。

[8] **勾蔓逆上** 形容兰根不下伸反翘着往上长的样子。

[9] **渟然挺秀** 渟然：生长旺盛；挺秀：高耸清秀。

[10] **争茂** 争着长得比别人高。

[11] 盈台簇槛　盈：满；簇：集聚；槛（jiàn）：栏杆。

[12] 列翠罗青　列：排列；罗：搜集。

[13] 王敬美　王世懋（1536-1588年），明文学家，字敬美，王世贞弟，江苏太仓人，嘉靖进士，官太常少卿，作品有《王仪部集》、《艺圃撷余》等。

[14] 水夌　盛有水的盆子。

[15] 旋以　接着，即刻就……的意思。

今译

兰蕙在上盆时先用粗"碗"（一种有小圆孔的碗形罩）盖住底孔，上铺一层木炭后再撒上薄薄的颗粒土，然后置上兰株并不断加土种好。泥土要保持疏松，不可用劲按实，因为那样会使兰根伸展不舒服，造成棵株少发、花也会开得少。浇水要注意盆土干湿有时。盆下排水孔不可直接着地，以防蚯蚓和蚂蚁等害虫从孔中进入、咬伤兰根。架高兰盆，还可使盆子里的泥和兰草之间上下通风、通气。

兰蕙翻盆、分栽要等到（农历）九月的白露至秋分之时，如株丛大，不能用手掰开兰株的时候，可用竹片做的小刀剔去根泥，不可性急，以致拔伤、拔断兰根。十月时，花苞已经生成，不宜再行分种，若在霜雪大寒时，更不可再动，否则苗株不萎定损。

浇灌兰花的水要用河水、池水，或雨时积储的水，皮屑水（通常用猪皮长期浸泡水中）和鱼腥水等也都很好。井水因性冷不可以用。浇灌时从外到内整盆浇匀，不可从顶上直倒水而坏了叶子。农历四月有梅雨，湿度大，水可少浇，五至八月须早上五更时或傍晚浇一次水，黄昏、深夜再浇一次。但这必须要看盆土的干湿情况而定，如湿的话就不必再浇，以防止盆土过湿而使根致病。见兰叶色黄，可用茶水来浇。

施肥不妨等到盆土见干，在傍晚时再浇。施肥后要再浇一碗左右的清水，使肥料能接触兰根而被吸收，这样自然就不会有兰根打勾向上倒长、或散乱蹯曲的现象发生。最好能有几只大缸来积储雨水，待到缸里的水变绿时用来浇兰花，能使兰株生长旺盛、叶色翠秀，即使没有开花，给人仍有雅洁的美感。见《群芳谱》。

王敬美说，建兰以五月为生长旺期，它怕大风、怕寒冷、怕老鼠、怕蚯蚓、怕蚂蚁。它的根味甜，会引来蚂蚁，可把兰盆搁置在水盆中，使蚂蚁不能进入。最近我在竹林南边筑了间"屋子"，屋外加上两重草席、把地挖得稍深，然后把兰花放在里边，在无风的晴天里开门即可晒太阳。所栽的二三十盆兰草没有不盛花的。这些花中排名第一的玉枕，它花干色白、花朵向上开放。较次的有金棱边及其他的四季兰，他们名虽称为兰其实都是蕙，品种以福建产的为好，如江西所产的，以价值而论，要便宜一半。

浇建兰要用雨水、河水、皮屑水、鱼腥水、鸡鸭毛水、浴汤水，夏季用皂角水、豆汁水，秋用炉灰清水，最忌井水。

养兰口诀分十二个月，每月七言四句歌一首，在这里就不写了。

忽然叶上有了白点，那是介壳虫，可用竹签轻轻剔除。如果还有，可用鱼腥水或煮蚌汤多洒几次即可消灭。或把蒜头研碎后加水用新毛笔蘸水洗去。盆内如有蚯蚓，可用小便浇出，即刻用清水冲净小便。如有蚂蚁可用肉骨等腥物引出。以上二则见《群芳谱》。

建兰产于福建，品种名目很多，有根据形色、地方、姓氏等而取名的。如果栽植年久，苗棵拥挤，可在秋分后翻盆分株。梅雨期间如盆土中水分过多，一遇烈日，兰株如蒸，定致兰病，所以必须把兰花搬到阴的地方才好。

（四）

　　予尝谓[1]天下凡几山川，于人迹所不至之地，山坳石潭，斜谷幽窦[2]，又不知几何，其间多迈古之修竹，矗立之危杉，云烟覆护，溪涧盘旋，薜荔蔽道，阳晖不烛，冷然泉声，磊乎万状，堤圮[3]之异，则所产之多，人贱之蔑如也。倏然经采于樵牧之手，见者骇然，识者从而得之，则必携持登高岗，涉长途，欣然不惮其劳[4]，中心之所好者，不能以历险而置之也。

注释

[1] 予尝谓　予：我；尝：曾经；谓：说过。
[2] 幽窦　深幽的山洞。
[3] 圮（qǐ）　桥。
[4] 不惮其劳　惮（dàn）：害怕。

今译

　　我曾说过，天下有许多的名山大川都是人迹罕至的地方，那里有起伏的山坳、莫测的石潭、险陡的斜谷、幽深的洞穴。似烟的雾霭缭绕翠竹、杉林，弯曲回转的溪涧清流不歇，蔓生无羁的薜荔掩盖着山道。还有蔽日的参天古树和叮咚作响的流泉以及别致多样的桥堤和峥嵘突兀的山岩……美妙的大自然孕育出万万千千的兰蕙，而人们并不看重它们。

忽然有一天来了上山采觅的人，看到兰花的人为之惊异，识得的人更是如获至宝，喜悦和满足使他们不怕山高路遥，一切的困难险阻也就算不上什么了。

（五）

其地近城百里，浅小去处，亦有数品可取，何必求诸深山穷谷。每论及此，往往启识者有不韪之诮[1]，"毋乃[2]地迩[3]而气殊，叶萎花蠹[4]，不能得培植之三昧[5]者耶"！

是故花有深紫、有浅紫、有深红、有浅红，与夫黄白绿碧、鱼鱿、金棱边等品必各因其地气所钟而然，故随其本质而产之耶，抑由皇穹储精[6]，景星庆云[7]，随光遇物[8]而流形者也。噫！万物散殊[9]，亦天地造化施生之功[10]，岂予[11]可得而轻议哉。窃尝私[12]合品第而数之，谓花有多寡，叶有强弱，此固因其所赋而然也，夫惟人力不到，则多者从而寡之，弱者又从而弱之，使夫人何以知兰之高下，其不误人者几希[13]！

注释

[1] **不韪之诮** 韪（wěi）：过失；诮（qiào）：责备。犹言批评的话。

[2] **毋乃** 莫非，岂非。

[3] **迩**（ěr） 距离近。

[4] **蠹**（dù） 咬食器物的小虫。文中指兰花生了虫子。

[5] **三昧** 佛教用语，即心神平近、杂念息止。文中指工夫不到的意思。

[6] **皇穹储精** 皇：盛大；穹（qióng）：天空；储：蓄积；精：精华。

[7] **景星庆云** 景：敬仰；庆：祝贺。

[8] **随光遇物** 随：顺从；遇：机遇。
[9] **散殊** 散：分散、多而杂；殊：不同、差异。
[10] **天地造化施生之功** 自然界所造化的成绩。
[11] **岂予** 岂：副词，表反问，“怎么”的意思。
[12] **窃尝私** 窃：谦指自己；尝：曾经；私：暗自想。
[13] **几希** 稀有。欧阳宏题《紫微老人大字歌》：“家藏有此希世珍。”

今译

有的地方不但离城近而且山不是很高，在那里也能找到好的兰蕙品种。为什么非得到深山幽谷里去寻觅？每当说及这些，往往有人会笑言相责：“不要认为是路近便有地气不同，因而造成了兰花的病虫害。实则是没有掌握精到的栽培技术之故！”

素来兰花的品种繁多，有深紫、浅紫、深红、淡红，还有黄、白、绿、碧和鱼魫、金棱边等品种，他们生长在各自喜欢的环境里。大自然以无比的魅力，用日月的精华凝聚成兰蕙这样美丽的形象。啊，自然界的万物，真是千奇百怪，都是天地所造化施生的功劳，怎么可以认为容易得到而随便地说三道四呢！

我曾私下有过对兰蕙栽培技术的品评。一是开花会有多少；二是株、叶长势的强弱。这些本来是大自然所赋予和决定的，可是由于人在栽培管理上不当的原因，致使兰花品种和数量反而由多变少、或者长势强的反而变成弱的。能真正栽培好的，其实能有几人！

（三）

鸣呼，兰不能自异[1]，而人异之耳[2]，如必执一定之见[3]，以品藻之[4]，则有淡然[5]之性在。然人均一心，心均一见[6]，眼力所至，非可诬也[7]。

注释

[1] **不能自异** 异：分升。犹言自己不能分别异同。

[2] **人异之耳** 耳：罢了。人具有分别异同的能力。

[3] **必执一定之见** 执：拿，握；见：对事物的看法。

[4] **以品藻之** 用华丽的言辞进行夸赞。

[5] **淡然** 态度随和。

[6] **心均一见** 各人都有自己的见解。

[7] **非可诬也** 诬：捏造事实。句意谓不可以毫无根据地乱说。

今译

　　啊，兰花不会说话，不能对自己作出评价。而人是能够分别异同的。有人会对兰花用华丽的言辞固执己见，也会有人表现出随和的态度。然而人都有一颗心，必然会有自己的见解。至于如何鉴评兰花，那是实实在在要靠眼力的，不是随随便便可以说得确切的。

（四）

　　故紫花以陈梦良、吴、潘为上品；中品则赵十四、何兰、大张青、蒲统领、陈八斜、淳盐粮；下品则许景初、石门红、小张青、萧仲和、何首座、林仲孔、庄观成。外则金棱边为紫花奇品之冠也。白花则济老、灶山、施花、李通判、惠知客、马大同为上品；所谓郑少举、黄八兄、周染为次；下品夕阳红、云峤、朱花、观堂主、青蒲、名弟、弱脚、玉小娘是也。赵花又为品外之奇。

陈梦良：色紫，每干十二萼，花头极大，为紫花之冠。花三片尾，如带澂青。用无泥瘦沙种，清水及冷茶浇，稍肥即烂，最难培养。

吴兰：色深紫，十五萼，干紫英红，得所养则歧而生[1]，叶高大，苍劲可爱，花头差大，性不喜肥。

潘花：色深紫，十五萼，干紫，圆匝齐整[2]，疏密得宜，花叶差小于吴，峭直雄健[3]，众莫能及[4]，其色特深。与吴兰俱需赤沙泥种。

赵十四：色紫，十五萼，初萌甚红[5]，开若晚霞。亦名赵师傅。

何兰：紫色中红，有十四萼，花头倒压[6]，不甚绿。

大张青：茎青花大，性喜肥，宜半月一浇。

蒲统领：花之中品，喜肥，宜半月一浇。

陈八斜：花亦稍大，与大张青相类。

淳监粮：宜粗赤砂种。

许景初：花不过九萼。

石门红：英红[7]茎紫[8]，花亦楚楚可观。

小张青：花青茎紫。

萧仲和、庄观成：皆花之下品，喜肥，宜沙土种。

何首座、林仲孔皆常品也。

金棱边：色深紫，十二萼，色如吴花，片干差小[9]，叶亦劲健，自尖处各一线许，直下至叶中，映日如金线，性喜肥，用黄粗砂，更添些少赤砂泥种。

济老：色白，十二萼，标致不凡，如淡妆西子[10]，不染一尘，叶似施花，高一二寸，又名一线红，用粪浇泥晒干，兼以草鞋屑围种，最喜肥浇。

灶山：十五萼，色如碧玉，花枝开展，昂然向上，每生并蒂，花干最碧，叶绿而瘦，一名绿衣郎。

叶大施：花起剑脊最长[11]，真花中上品，惜不甚劲直。种法同济老。

李通判：色白，十五萼，峭特雅淡，泹露迎风[12]，宜轻肥。

惠知客：色白，十五萼，赋质清癯，团簇齐整，花荚淡紫，片尾凝黄。叶虽绿茂，但亦柔弱，种用粗沙和泥，夹粪则盛。

马大同：色碧而绿，有十二萼，花头微大，间有向上者，中多微晕。叶肥，花干劲直。亦名五晕丝。

郑少举：色白，十四萼，莹然孤洁，叶修而散[13]，有数种，于花之多少、叶之软硬分高下，白花中能生者，无出于此。其花资质可爱，可谓花中翘楚。草鞋屑铺四围种之，累试甚佳，大凡用轻松泥皆可。

黄八兄：色白，十二萼，干弱不能支花，以杖扶之，须浇肥。

周染：色白，十二萼，与郑花无异，但干短弱耳，用沟中黑沙泥和粪种之则茂。

夕阳红：八萼，花片尖有凝红色，如夕阳返照。

云峤：以地名也，花只常品。

朱花：花茎俱红，短叶婀娜，一干九蕊，乃粤种也。

观堂主：花白，七萼，花聚如簇，叶不甚高。

青浦：叶虽阔，而花只六萼。

名第：色白，有五六萼，叶最柔软，新叶长旧叶随换，人不爱重[14]。

弱脚：一干一花，色绿，花大如鹰爪，入腊方开，薰馥可爱[15]。

玉小娘：花只六萼，叶亦瘦弱，惟色白耳。

黄殿讲：一名碧玉干，花色微黄，十五萼，合并干而生，有二十五萼。干虽高而实瘦，叶虽劲而实柔，亦花中上品也。

仙霞：花似潘种，因产自仙霞岭故名，一云潘氏于仙霞得之。

鱼鱿兰：十二萼，沉水中无影，叶颇劲绿，此白兰之奇品也，须山下流沙和粪种之，一云兰质莹洁，不须以秽腻浇之。

都梁：紫茎绿花，产自都梁县西小山，以地名也。

玉整花：叶修长而瘦，色甚莹洁可爱，白花之最能生者，用粪壤及河沙种之，盖以红土良，一云即郑少举。

四季兰：叶长，干青微紫，花白质紫纹，自夏至秋，相继而开，冬亦偶花，不如夏秋之盛。

右谱序所列次下花品，论形质处，阙略颇多[16]，兹采入记中，将以传信，特为如次补辑，至叙中有未载者，复增列数品于后。纵使尚论难凭，何必妄加删削，惟是东吴南闽，道阻且长，未得身亲目睹，考核详明，第于谱中摘存品目，以备参观，遐心闽峤[17]，实未知果有此花否也。至于近今携贩至苏者，不过白花一二及鱼鱿、大叶白、大青等十数种而已。作者语焉不详，述者择焉不精，名曰附录，未堪据为实录也。 砚渔识

榴舫穆士华校对

是记锓版以公同好，随拟续刻《兰人记事》二卷，《补遗》二卷，并花貌相，一一开明，以便续刻补入编中。

[1] **得所养则歧而生** 歧：分生新株。意谓如果养的得法，新株会发得快而多。

[2] **圆匝齐整** 指花形结构紧凑、匀称、美丽。

[3] **峭立雄健** 峭：本是形容山势又高又陡。文中喻兰株高大、直立、健美状。

[4] **众莫能及** 其他别的品种都比不上他。

[5] **初萌甚红** 指兰刚开时花色很红，后来慢慢变淡了。

[6] **花头倒压** 指兰所开的花垂头。

[7] **荚红** 苞壳颜色红。

[8] **茎紫** 花梗颜色发紫。

[9] **片干差小** 指花梗短小。

[10] **如淡妆西子** 苏轼诗有"若把西湖比西子，淡妆浓抹总相宜"句，形容"济老"之花白里透出淡红，非常美丽。

[11] **花起剑脊最长** 指花梗高。

[12] **浥露迎风** 浥露：沾湿。形容兰花在迎着晨风，叶上沾满露水。

[13] **莹然孤洁，叶修而散** 莹：光洁如玉；孤：独有；修：瘦而长。描写兰花雪白如玉，兰叶细长分散。

[14] **人不爱重** 人们一般都不太看重它。

[15] **薰馥可爱** 薰：香。指兰花又香又可爱。

[16] **阙略颇多** 指文中疏忽和欠缺很多。

[17] **遐心闽峤** 遐心：遐想，悠远地思索和想象；闽峤：福建的丛山。

今译

（品种及栽培方法略。）

在介绍上列花品时，可能存在着不够完善的缺点，把它们写在书中的目的是为了使读者有一个了解。至于文中没有写上的，再进行增补，即使没有定论也不删除。所遗憾的是江苏离福建路途遥远，没能亲自去进行考察，所以书中介绍的品种，仅供读者参考。我的心在遥想那福建丛山，真想知道是否都有这些花长在那里。至于苏州现有的品种，只有鱼鲉等几个白花品种及大叶白、大青等十数个品种而已。

作者在文中介绍的内容不够详尽，叙述得也不够精确，只能称为附录作为参考，不能称作实录！

（朱）砚渔（克柔）记

今将《第一香笔记》刻版印刷成书，把它献给对兰有共同喜好的诸位朋友，随即拟续刻《兰人记事》二卷、《补遗》二卷，并同花品绘图一起，把它们一一地编入到续集中。

《第一香笔记》特色点评

——一部集赏兰养兰大成的经典之作

兰花古籍《第一香笔记》，成书于清朝嘉庆元年（1796年），为江苏吴门朱克柔氏所撰。朱老前辈以行医为业，悬壶济世，是一位医史学家，有《续增古今医史》等著作；又是一位艺兰大家，他承续徽人鲍薇省开创的艺兰"瓣型学说"的精华，以精湛的文学语言结合自己长期的艺兰实践，充实和发展了前人的鉴赏理论，使"瓣型学说"更趋于具体化、形象化、条理化。

在人类社会里，无论古今中外，看人评人都首先注重品格表现，同样以此标准用来评兰，则就是注重花品、开品。本书一开卷就是论兰蕙的花品：水仙瓣型花须厚大，洁净无筋，舌大而圆，蚕蛾、豆荚花捧心，花干细而高，封边清，白头重，勾刺全；荷花瓣型如荷花，先论收根细，瓣要厚而有兜，捧心圆；梅花瓣瓣形似梅花。这不多的几句话，简洁明白地定格了三大瓣型的标准要求，这对于兰蕙花品审美方式正处于飞跃发展的当时，无疑是一个创举，由此使"瓣型学说"更趋完善明晰而与时俱进。直到今天，兰家仍遵循老前辈们为我们制定下的规矩来鉴评兰蕙的花品，这就是本书特色的第一要义之所在。

《第一香笔记》的第二个特色是，书中说的话，处处来自于实践。批判了古时有些写书的文人，往往因缺少亲自去看一看、做一做这种实际体会。他们只偏重于文句的优美，辞藻的华丽，事物的离奇，常以道听途说作为书的基本依据，再加上自己的想当然，便洋洋洒洒就此成书，以致张冠李戴引出许多笑话，让后人读得丈二和尚般摸不着头脑，诸如把零陵香说成是春天开黄花、秋天开紫花的兰花，甚至煞有介事地把芦苇和菖蒲也当成是会变的兰。本书作者则具严谨的写作态度，书中所论述内容，均以自己大量的艺兰实践为依托，如"蕙（兰）子叶正在丛生之际，不可翻种或分种，恐泄气也。"如"叶绿而黝者，伤于肥湿；叶黄而黝者，伤于干瘦。"又如"蕙性喜阳，须得上半日三时之晒，至兰则朝暾一二时足矣。"又如"久雨不可骤晒，烈日不宜暴雨。"再如"素心花不喜肥，肥则无花。"再如"蕙喜干燥而向阳，兰喜干润而向阳。"这些栽培管理方面的知识，言简意赅，充满哲理，它们都是作者数十年磨一剑的结晶，是经他总结概括、浓缩而成的经验，非常贴近广大兰人的莳兰实际，为广大兰人所乐意接受和采纳。在众多兰花古籍中，内容能体现出实践性与科学性的，本书应称得上是名实相符的佼佼者。

　　《第一香笔记》的第三个特色是能体现出作者深厚的文学修养。全书从头至尾闪烁着优美的文采，有知识性和趣味性。例如在"相蕙十则"中，作者把阔叶粗梗的次等花品比拟为胸无点墨的赳赳庸夫；而形容佳花，自然有飘飘欲仙、气象万千的风采，但选花如选人，你是否具有伯乐识马的眼光，看得出隐微着佳花的神韵呢？这只是说了两个方面的一面。作者又接着说另一面，"凡有外相者，衣壳极佳，根叶并美，至于花变坏者极多，不变者十不居一；无外相而花出色者，百不居一。"作者辨证地再一次告诉我们，选花如选人，"不可以貌取人"，他以成语"衣锦尚絅"这一典故为例，说有的花苞衣壳外表十分平常，看不出佳花的特征来，但脱去外衣壳，竟露出佳花之美，就像外边穿粗麻衣、里面穿绸缎衣的人那样。又有人问："花在山中，任其日晒雨淋，不加培植，却不致于数年无花、叶渐凋。"其意是说兰在人栽培的条件下，为什么反而生长不好了呢？朱老说："花在山，在盆，如人有吃膏粱、藜藿之不同，未有听说吃膏粱者能干吃藜藿者之活的。"作者用人类社会中不同人群的的生活习惯为例，喻兰由于在山、在盆，生态环境的截然不同，它们本来的生活习性被突然改变，必然会对它们的生长、开花和繁殖产生影响，所以兰人必须了解兰的本性，懂得和注重创造适合兰生长的基本条件。一些本来涉及植物生理学、生物学、土壤栽培学的深奥问题，让作者通过简单的生活实例，深入浅出地把道理说得明明白白。

《第一香笔记》的第四个特色是全书充满兰文化的芳香。纵观全书各卷里，不时都有优美的语言。作者引经据典，表述我国特有的这种年岁悠长的兰花文化史料。在本书第四卷里更是全力扬芳撷秀，勾沉兰花今昔，首先提出的是古兰与今兰的思辨。作者例举 "泛兰转蕙""蕙蒸兰藉""兰畹蕙亩"等这些古文学作品里的话，他认为自古人们言兰必定会自然地联系到蕙，可见两者关系之紧密，无疑今天的兰蕙就是古时的兰蕙。要不然，古来有那么多香草范畴的植物，都有自己的名字，如果不是兰和蕙，为什么非得要眷恋这个名字呢？他认为造成"今兰非古兰"错误之说的根本原因是那些古来的文化人"撷秀扬芳，爱其幽贞，不禁言之反复。"实质是他们对兰蕙缺少深入的了解，只不过是"偶一及之"，如"制芰荷以为衣，集芙蓉以为裳"这种类似的话，仅是他们的"托兴之辞"，都是"未可据为评"的。

朱克柔读过历来许多有关兰文化的著作，凭借自己深邃的文学修养，善于借鉴一些历史典故鉴赏兰蕙的美。他以伯乐识马的故事诠释观花如审马，应该注重赏花品的内秀，"神完气足，内美敛束；伯乐相马，以神寓焉"。他告诉我们"飘飘欲仙，气象万千"仅仅是一种外表特征，但又是佳花的征兆。

在"花梗"这一片段里，朱老又以生动的比拟，塑造出兰蕙美丽的形象，如"兰如绰约好女，静秀宜人，蕙如端庄年少，束带立朝。"这些对仗而工整的语言，让我们觉得自己面前所见的似乎不是兰蕙，而是活生生的美人，是彬彬有礼、端秀温柔的少女，是气宇轩昂，束着金腰带，站在朝廷上的美少年。朱老说："花有神，以静而存，花有态，惟和为贵。"我想这个"神"就是内在的精神之美，它洋溢出灵动的内秀；这个"态"就是外露的自然之美，它流飞出不加修饰的自然风采。我们欣赏兰蕙，固然要欣赏它们的外表之美，更要注重欣赏它们内在的神韵之美，欣赏它们是否是每莛花开一致？是否是朵朵形象相同？这就是兰花"惟和为贵"的善美花魂，即所谓物与物和谐的体现，人对花如此，人对己、人对人也都应该如此，人对社会当然更应该如此！

《第一香笔记》强调，爱兰养兰的人，既然你爱兰了，就应当要爱到心里，这就是人陶冶情操，修身养性的关系。书中多有扬善贬恶之说，他引用《晋书·文苑传》的一个故事，说晋代有位大清官，名叫罗含，在他告老还乡时，随从开门惊见家院内满阶丛生着兰和菊，迎来蜂蝶纷飞，一派蓬勃生机。这是赞美罗含因高尚的德行感动了天地。

又在《曲江春宴录》中引出来另一个故事，说有位年轻的读书人叫霍定，一次与友人同游曲江，他出重金雇人翻墙去偷摘大官人家花园里所栽的兰花，把偷得之花插在帽沿边，握在两手间，匆匆赶到穿着体面入时的青年男女人群中去卖偷得的兰花，青年男女一见兰花，便纷纷抛扔金银向他争买。这个故事批判了年轻的读书人雇人偷兰卖钱，实在有失读书人的风雅。

作者在两本书里选择的两个事例，以一正一反的方式加以对照，是非分明。对于广大兰人来说，是鼓励，也是警示。回想十几年前时不时地闻及有人偷兰、甚至杀人被判重刑的事，这都会引起兰人们内心的深深触动！

《第一香笔记》内容丰富、资料翔实，语言优美精炼，叙说事例有清晰的哲理，具知识性、实用性、科学性、文学性、艺术性、趣味性于一体，二百多年来，一直受到一代代兰人们的喜爱，并不断以手抄本的形式被保存和传续着，当我们一遍遍读来，总是不断会有新的收获。书里许多章节和内容被后来的兰著所引用、所转载，在《艺兰四说》、《兰言述略》、《兰蕙镜》、《兰蕙同心录》、《兰蕙小史》、《兰花》等这些书中，都留有它的足迹和身影。它，不愧享有"兰花经典"的誉称。

衢州·莫磊

按：《第一香笔记》这部兰文化专著，古今传续，流香世代。然而它的作者朱克柔先生囚离我们遥遥二百多年，人们对他真实情况的了解，更若弥雾一团，甚至误将清末嘉兴名人朱克柔（字强甫，上海《萃报》主编）混为一谈。为此，我们谨把一些考证资料连同王忠先生所撰《朱克柔先生纪略》一文作为附录部分内容提供给广大兰友及同仁，以供研究参考。

书《吴医汇讲》[1]后

太史公言：“人之所病，病疾多；医之所病，病道少。”故于《扁鹊仓公列传》各载治验，切脉论病，缕析条分，详哉其言之也。后长沙太守张仲景出，著有《伤寒》《金匮》二书，是为医林之渊薮，后学之津梁。自汉迄今，专门名家，著述继起，灿然可观。其间或论说纷纭，贪多务得，甚至剿说雷同，不可枚举。窃谓读书贵乎得间，医书之浩汗，尤贵采择精当，取舍在我，有所作述，务在心得，未可拾他人之唾余，以窃取傅会为能事也。

而笠山先生，已先得我心矣。先生学富思深，医林重之，其集前辈名医及诸同人著作，汇为一编，名之曰《吴医汇讲》。而自著诸条，考据精详，辨论明快，能发人所未发。仆受而读之，知是编之集腋为裘，洵可以传世而行远矣。方是编之初付剞劂也，笠山先生旁搜博采，下及葑菲。

仆自曩时从学于松心夫子，质疑问难，涉猎方书，意见所及亦尝纪载一二。数年来奔走风尘，此道已存而不论，况当珠玉在前，益觉自顾形秽。既病道少，又恐剿说雷同，与寻常方术同类而共讥之也。既无以应笠山先生之问，而又不能不赞一辞，乃自书其所见，以附编末。

太史氏于《扁鹊仓公列传》详载治验，篇终又引老聃之言以为戒，寓意深远，亦先叙后断之例，后人因之，遂有卷尾作跋，编末后序之作，其实皆赘疣也。仆非敢效史迁之例，而于二者之间，其有一得也夫。

壬子仲冬朱克柔书

朱子研渔，不作首序而作后序，谦抑之意也。惟是拙集不限卷数，以俟陆续赐教，随时增订，故未便以此篇殿于编末，移置简端，从权也。

大烈识

注释

[1] 《吴医汇讲》 创刊于乾隆五十七年（1792年），停刊于嘉庆六年（1801年），共刊出11卷，每卷订为一本，类似于现代的年刊杂志。其稿件来自当时江南一带名医，主编为清代名医唐大烈（笠山）。唐大烈，江苏苏州人，生年不详，卒于1801年，以编纂《吴医汇讲》而闻名医林。

缪松心传

缪遵义，字方义，晚号松心居士。乾隆丁巳科进士，以知县即用。恬淡不乐仕进，优游里闲，以母病精医，年登大耋。治病益加详慎，立方宗古法，于脱化变通处，精妙入微。柔从学十余年，颇蒙许可。尝言用药南北各殊，若江浙卑下之区，禀气多弱，譬如植物随土所宜，当以轻剂治之，制方全在巧思，投之即效，轻灵二字，互为用也。著刊《伤寒集注》、《温热朗照》等书，其余藏书甚多，皆细加丹铅，手定甲乙。卒年八十有四。

录自《续增古今医史》

《古今医史》[1]朱克柔四条按语

　　（苗父传）按朱克柔曰，《内经》云：古之治病，惟移精变气可祝由而已。祝由者，祝病之由以告于神，即祷尔于上下神祇之意，则知祝由一科上古之遗矣。

　　（巫咸传）朱克柔云，祝人诅物术近于邪，此周礼巫觋之流欤。

　　（文挚传）朱克柔云，《内经》藏象篇云：思伤脾，怒胜思。闵王疾或因积思所致，挚激其怒，使之气胜而得愈乎。

　　（王朝奉传）朱克柔云，明徐镕云："唐宋以来，如孙思邈、葛稚川、米奉议、王朝奉辈，皆不出仲景书。"则知朝奉亦名著当代，惜无著作行世耳。

注释

[1]　《古今医史》　系清初名医王宏翰所著。王宏翰（1648-1700年），松江华亭（今属上海）人，后迁至姑苏（今江苏苏州）。因母病而精研医理，常以儒家性理之说，结合西医之学，互相发明，为中西医汇通之先驱。所著医书达15种，传世者有《医学原始》、《古今医史》、《四诊脉鉴》、《性原广嗣》四部，其余尚未见传。

朱克柔先生纪略

朱公克柔先生，南宋大儒朱熹文公之后也，字文刚，号砚渔亦研渔，乾嘉年间吴郡吴门人，医史学家、艺兰家。

先生自曩时随名医缪遵义，从学岐黄十余年，涉猎方书，颇蒙许可。其老友唐大烈辑成《吴医汇讲》，请序先生。先生难却盛情，遂于乾隆五十七年壬子仲冬作《书<吴医汇讲>后》，意附编末。及至付梓，唐公毅然置其于简端，犹今之发刊辞，赞其谦抑之意也。先生累年奔走风尘，然不忘研习经史，浩汗医书尤爱王宏翰《古今医史》七卷，历数年校对修订，引经据典作按语数条。又梳理明、清名医，采择精当，著《续增古今医史》两卷，匿去己名，殿于《古今医史》，谦抑之至也。

临症之暇，先生甚爱滋兰树蕙，为求培养得法，曾慕名亲至海虞寻访专事花业者。甲寅年获素心新花两种，俱于丙辰（嘉庆元年）正月因交立春略为印水，骤遭严寒，受冻而萎。其余蕙花数十蕊将舒，因思爱护，闲居杜门，忆记艺兰之心得，条分缕析，付诸笔端，至三月而斐然可观。又采辑旧闻，择其善者以类附入，名曰《第一香笔记》，以此自徼，亦饟同好。脱稿不十日，众花齐放，如解语然，若为志喜也。

《笔记》授由瘦竹山房锓板刊行，两万余字分以八门、合成四卷，考据精详、倾囊明示。书中详解前人赏兰之素仙梅荷各品，并举官种为贵，发人所未发者也。申言爱花者务识燥湿肥瘠之性，曰"因知性即理也，其理一而已矣"，其深谙儒理，略见一斑。又曰"惟愿惜花人以活法参之，随时珍爱，庶不令好花失所耳"，其怜惜之情，跃然纸上。又曰"兰如绰约好女，静秀宜人；蕙如端庄年少，束带立朝"，其视兰如人，兰人合一也。

先生亦好翰墨，尝隶书自叙于《笔记》卷首，其字气重、清正典雅，赏之幽泉在山、白云在天、非清心洁面，何得其纯也。另著有《兰人记事》二卷、《补遗》二卷，内补绘花，览者可按图而索，惜两书今未见传。先生曾选育一绿水仙蕙，时名"大朱氏水仙"，极大阔瓣，分窠捧心微硬，大如意舌，一字肩，干细而长，袁忆江《兰言述略》称之"大朱字仙"，惜道光时绝。

嗟乎！君子之伤，君子之守。志道据德，依仁游艺。明心而隐，成事若显。心明事成，何伤之有？朱子砚渔曰："花有神，以静而存；花有态，惟和为贵"，两语得其三昧，所言精于鉴赏，足可论之兰道而传世行远矣！

（公元2017年 丁酉暮春 瑞安王忠 顿首谨识）